四川省工程建设地方标准

四川省建筑工程现场安全文明施工标准化技术规程

Construction Site Safety Civilization Construction Standard Specification of Sichuan Province

DBJ51/T 036 – 2015

主编单位：成都建筑工程集团总公司
四川省建设工程质量安全监督总站
批准部门：四川省住房和城乡建设厅
施行日期：2015年5月1日

西南交通大学出版社

2015 成都

图书在版编目（CIP）数据

四川省建筑工程现场安全文明施工标准化技术规程 / 成都建筑工程集团总公司，四川省建设工程质量安全监督总站主编. —成都：西南交通大学出版社，2015.4（2017.11 重印）
（四川省工程建设地方标准）
ISBN 978-7-5643-3862-6

Ⅰ. ①四… Ⅱ. ①成… ②四… Ⅲ. ①建筑工程－工程施工－安全规程－四川省 Ⅳ. ①TU714-65

中国版本图书馆 CIP 数据核字（2015）第 085413 号

四川省工程建设地方标准

四川省建筑工程现场安全文明施工标准化技术规程

主编单位 成都建筑工程集团总公司
四川省建设工程质量安全监督总站

责任编辑	姜锡伟
封面设计	原谋书装
出版发行	西南交通大学出版社 （四川省成都市二环路北一段 111 号 西南交通大学创新大厦 21 楼）
发行部电话	028-87600564 028-87600533
邮政编码	610031
网址	http://www.xnjdcbs.com
印刷	成都蜀通印务有限责任公司
成品尺寸	140 mm × 203 mm
印张	5.5
字数	140 千字
版次	2015 年 4 月第 1 版
印次	2017 年 11 月第 2 次
书号	ISBN 978-7-5643-3862-6
定价	38.00 元

各地新华书店、建筑书店经销
图书如有印装质量问题 本社负责退换

关于发布四川省工程建设地方标准《四川省建筑工程现场安全文明施工标准化技术规程》的通知

川建标发〔2015〕32号

各市州及扩权试点县住房城乡建设行政主管部门，各有关单位：

由成都建筑工程集团总公司、四川省建设工程质量安全监督总站主编的《四川省建筑工程现场安全文明施工标准化技术规程》，已经我厅组织专家审查通过，现批准为四川省推荐性工程建设地方标准，编号为：DBJ51/T 036－2015，自2015年5月1日起在全省实施。

该标准由四川省住房和城乡建设厅负责管理，成都建筑工程集团总公司负责技术内容解释。

四川省住房和城乡建设厅

2015年1月16日

前　言

本规程是根据四川省住房和城乡建设厅《关于下达四川省工程建设地方标准〈四川省建筑工程现场安全文明施工标准化技术规程〉编制计划的通知》（川建标函〔2013〕609号）的要求，由成都建筑工程集团总公司会同有关单位共同编制完成的。

本规程在编制过程中，编制组进行了广泛深入的调查研究，总结了工程的实践经验，参考了国内相关标准，在广泛征求意见的基础上完成。

本规程共分11章，主要内容包括：总则、术语、安全管理、文明施工、脚手架、基坑工程、安全防护与保护、模板施工、施工用电、机械设备及施工机具、施工现场消防。

本规程由四川省住房和城乡建设厅负责管理，由成都建筑工程集团总公司负责具体技术内容的解释。执行过程中，请各单位注意总结经验，如有意见和建议，请寄送成都建筑工程集团总公司（地址：成都市八宝街111号532室；邮编：610031；邮箱：21430766@qq.com；电话：028-61988825）。

本规程主编单位、参编单位和主要起草人名单：

主 编 单 位：成都建筑工程集团总公司

四川省建设工程质量安全监督总站

参 编 单 位：成都建工工程总承包有限责任公司

成都市第三建筑工程公司

四川省建设工程质量安全与监理协会
成都市土木建筑学会
四川省建筑机械化工程公司
四川宏大建筑工程有限公司
成都倍特建筑安装工程有限公司
主要起草人：张　静　任兆祥　肖　军　李　维
张　毅　夏　葵　冯家荣　孙跃红
林　东　周尚书　冯身强　伍　铁
陈建仁　曾　伟　郑永丽　陈方清
吴　杰　相晓咸　杨　洋
主要审查人员：黄光洪　陈家利　王其贵　李宇舟
郑建兴　吴　畏　曾长安

目　次

Contents

1 总 则

1.0.1 为加强四川省建筑工程施工现场管理，指导省内在建工程施工现场安全文明施工标准化工作，保证安全生产，特制定本规程。

1.0.2 本规程适用于四川省内房屋建筑和市政基础设施工程的安全文明施工标准化。

1.0.3 四川省内房屋建筑和市政基础设施工程的安全文明施工标准化除应按本规程执行外，还应符合国家和四川省现行有关规范、标准的规定。

2 术 语

2.0.1 安全文明施工标准化 standardization of safe and civilized construction

企业通过制定健全的安全生产、文明施工管理制度，形成规范化的安全文明施工管理模式，以及工具化、定型化的施工安全防护措施，对危险源和事故隐患进行有效监控，使企业的安全文明施工管理规范有序。

2.0.2 安全生产 work safety

指在生产活动中，通过人、机、物料、环境的和谐运作，使生产过程中潜在的各种安全事故风险和伤害因素始终处于有效控制状态，切实保护劳动者的身体健康和生命安全。

2.0.3 重大危险源 major hazard installations

指长期地或者临时地生产、搬运、使用或者储存危险物品，且危险物品的数量等于或者超过临界量的单元（包括场所和设施）。

3 安全管理

3.1 一般规定

3.1.1 企业应建立以法定代表人为第一责任人的各级安全生产责任制，企业主要负责人应依法对本单位的安全生产工作全面负责。

3.1.2 施工组织设计应根据施工特点，制定相应的安全技术措施，确保施工生产能够安全、顺利地进行。

3.1.3 工程项目部应建立安全教育培训制度，并对作业人员进行有针对性的安全教育培训。

3.1.4 安全技术交底应依据国家有关法律法规、规范标准、施工组织设计、专项施工方案和安全技术措施等的要求进行。

3.1.5 企业应组织相关部门及人员对其下属工程项目部的施工现场进行安全检查，安全检查应根据《建筑施工安全检查标准》JGJ 59的相关规定和要求进行。

3.2 安全生产责任制

3.2.1 企业必须建立和健全安全生产管理体系，明确各管理层、职能部门、岗位的安全生产责任。

3.2.2 企业安全生产责任制应包括各管理层的主要负责人、专职安全生产管理机构及各相关职能部门、专职安全管理及相关岗位人员。

3.2.3 企业安全生产责任制应符合下列要求：

1 企业应设立由企业主要负责人及各部门负责人组成的安全生产决策机构，负责领导企业安全管理工作，组织制定企业安全生产中长期管理目标，审议、决策重大安全事项。

2 各管理层主要负责人中应明确安全生产的第一责任人，对本管理层的安全生产工作全面负责。

3 各管理层主要负责人应明确并组织落实本管理层各职能部门和岗位的安全生产职责，实现本管理层的安全管理目标。

4 各管理层的职能部门及岗位负责落实职能范围内与安全生产相关的职责，实现相关安全管理目标。

5 各管理层专职安全生产管理机构承担的安全职责应包括以下内容：

1）宣传和贯彻国家安全生产法律法规和标准规范；

2）编制并适时更新安全生产管理制度并监督落实；

3）组织或参与企业安全生产相关活动；

4）协调配备工程项目专职安全生产管理人员；

5）制订企业安全生产考核计划，查处安全生产问题，建立管理档案。

3.2.4 企业各管理层、职能部门、岗位的安全生产责任应形成责任书，并经责任部门或责任人确认。责任书的内容应包括安全生产职责、目标、考核奖惩规定等。

3.2.5 工程项目部安全生产责任制应符合下列要求：

1 工程项目部应建立以项目负责人为第一责任人的全员安

全生产责任制，并应成立安全生产管理领导小组，负责工程项目施工现场的安全生产管理工作。

2 工程项目部应制定安全生产责任书，并经相关责任部门或责任人签字确认。

3 工程项目部应制定各工种安全技术操作规程。

4 工程项目部应按规定配备专职安全管理人员。

5 工程项目部应制定安全生产资金保障制度，并应根据安全生产资金保障制度，编制安全生产资金使用计划，且严格按计划实施，确保安全生产资金的有效投入。

6 工程项目部应制定以伤亡事故控制、现场安全达标、文明施工为主要内容的安全生产管理目标，并应根据安全生产管理目标和项目管理人员的安全生产责任制，进行安全生产责任目标分解。

7 工程项目部应建立对安全生产责任制和责任目标的考核和奖励制度，并应根据考核和奖励制度，对项目管理人员定期进行考核，并奖惩兑现。

3.3 重大危险源管理

3.3.1 重大危险源的辨识

1 工程项目部应成立由现场安全、技术及其他管理人员等组成的重大危险源管理小组。

2 重大危险源管理小组应根据施工现场的实际情况，对危险源进行辨识，并依据辨识的结果确定出施工现场的重大危险源。

3.3.2 重大危险源的控制

1 企业和工程项目部应在施工现场公示已辨识出的重大危险源，并制订重大危险源控制目标和管理方案。

2 企业和工程项目部应针对所辨识出的重大危险源制订有针对性的事故应急救援预案，并组织演练。

3.4 施工组织设计及专项施工方案

3.4.1 施工组织设计

1 工程项目部在施工前应根据施工需要编制各个阶段的施工组织设计，施工组织设计的编制应符合《建筑工程施工组织设计规范》GB/T 50502 的相关规定。

2 施工组织设计的编制必须遵循工程建设程序，并应符合下列原则：

1）符合施工合同或招标文件中有关工程进度、质量、安全、环境保护、造价等方面的要求；

2）积极开发、使用新技术和新工艺，推广应用新材料和新设备；

3）坚持科学的施工程序和合理的施工顺序，采用流水施工和网络计划等方法，科学配置资源，合理布置现场，采取季节性施工措施，实现均衡施工，达到合理的经济技术指标；

4）采取技术和管理措施，推广建筑节能和绿色施工；

5）与质量、环境和职业健康安全三个管理体系有效结合。

3 施工组织设计应包括编制依据、工程概况、施工部署、施工进度计划、施工准备与资源配置计划、主要施工方法、安全技术措施、施工现场平面布置及主要施工管理计划等基本内容。

4 施工组织设计编制完成后，应按国家有关规定进行审批，经批准后方可组织实施。

3.4.2 专项施工方案

1 工程项目部应在危险性较大的分部分项工程施工前编制安全专项施工方案，专项施工方案应有针对性，并按有关规定进行设计验算。

2 超过一定规模的危险性较大的分部分项工程的专项施工方案，应按照有关规定组织专家进行论证。

3 超过一定规模的危险性较大的分部分项工程的专项施工方案，经专家论证后提出修改完善意见的，工程项目部应结合论证意见进行修改，并经工程项目技术负责人、工程项目总监理工程师、建设单位项目负责人签字后，方可组织实施。

4 专项施工方案经专家论证后需做重大修改的，工程项目部应在修改完善后，重新组织专家进行论证。

5 工程项目部应严格按照专项施工方案组织施工，严禁擅自修改、调整专项施工方案的内容。

3.5 安全教育培训

3.5.1 工程项目部应根据已建立的安全教育培训制度，对工程项目现场管理人员进行安全教育培训。

3.5.2 工程项目部应根据已建立的安全教育培训制度，组织对下列人员进行安全教育培训：

1 特种作业人员。

2 新进场作业人员。

3 变换工种的作业人员。

3.5.3 工程项目部应对工程项目施工现场相关人员进行经常性安全教育培训。

3.5.4 工程项目开工前，工程项目部应组织对工程项目施工现场所有人员进行安全教育培训。

3.5.5 当施工人员入场时，工程项目部应组织进行以国家安全法律法规、企业安全制度、施工现场安全管理规定及各工种安全技术操作规程等为主要内容的三级安全教育培训和考核。

3.5.6 当工程项目部采用新技术、新工艺、新设备、新材料施工时，应对工程项目施工现场作业人员进行专项安全教育培训。

3.5.7 工程项目部应对施工现场管理人员、专职安全员等每年进行一次安全教育培训情况监督考核。

3.6 安全技术交底

3.6.1 在分部分项工程施工前，工程项目技术负责人或方案编制人员，应对现场相关管理人员、施工作业人员进行书面安全技术交底。

3.6.2 安全技术交底应按工程部位分部分项进行交底，对施工机械操作人员应进行专项的书面安全技术交底，对工程项目的各级管理人员应进行以安全施工方案为主要内容的交底。

3.6.3 安全技术交底应结合施工作业场所状况、特点、工序，对危险因素、施工方案、规范标准、操作规程和应急措施进行交底。

3.6.4 安全技术交底应由交底人、被交底人进行签字确认。

3.7 安全检查

3.7.1 企业应建立安全检查制度，并根据制度对其下属工程项目部进行安全检查。

1 企业应由企业主要负责人带队，由企业安全管理职能部门及其他相关部门参与，组成检查组对企业下属工程项目部施工现场进行定期安全生产大检查。

2 企业安全管理职能部门应定期对企业下属工程项目部施工现场进行全面细致的安全检查。

3.7.2 企业、工程项目部应根据已制定的施工现场领导带班制度规定对现场安全状况进行检查。

3.7.3 工程项目部应建立安全自查制度，对工程施工现场所处的工作环境及施工环节进行自查、自检。

3.7.4 安全检查可分为如下几种形式：

1 常态化安全检查：由企业安全管理职能部门对工程项目部施工现场进行例行的常规式安全检查。

2 定期性安全检查：由企业组织相关人员定期对工程项目部施工现场进行的安全检查。

3 专项安全检查：根据企业安全生产具体情况，由企业安全管理职能部门及相关部门组织有关人员对工程项目部施工现场进行的安全检查。

4　季节性安全检查：由企业安全管理职能部门组织有关人员针对气候特点（如冬季、夏季、雨季、风季等），对工程项目部施工现场进行的安全检查。

5　节假日前后安全检查：节假日前后，由企业组织有关人员对工程项目部施工现场进行的安全检查。

3.7.5　安全检查应填写检查记录，并附入安全管理资料备查。

3.7.6　对检查中发现的事故隐患应下达隐患整改通知单，定人、定时间、定措施进行整改，事故隐患整改后，应由下达隐患整改通知单的部门组织复查，并形成复查记录。

3.8　季节性施工

3.8.1　工程项目部应该按照作业条件针对季节性施工的特点，制定相应的安全技术措施。

3.8.2　雷雨季节施工时，工程项目部应采取防雨、防汛及防雷等方面的安全技术措施。

3.8.3　冬季施工时，工程项目部应采取防滑、防冻、防火等方面的安全技术措施。

3.8.4　夏季施工时，工程项目部应采取防暑降温措施。

3.8.5　遇六级以上（含六级）强风、大雪、浓雾等恶劣天气，严禁露天起重吊装作业和高处作业。

3.9 应急管理

3.9.1 工程项目部应针对工程特点，进行重大危险源的辨识。应制定防触电、防坍塌、防高处坠落、防起重及机械伤害、防火灾、防物体打击等主要内容的专项应急救援预案，并对施工现场易发生重大安全事故的部位、环节进行监控。

3.9.2 工程项目应按应急预案的要求，建立应急救援组织，配备应急救援人员和应急救援器材，定期组织救援人员进行培训和演练。

3.10 安全资料管理

3.10.1 工程项目部应安排专人建立并管理工程项目施工现场的安全资料。

3.10.2 工程项目施工现场建立的安全资料应包含以下资料：

1 安全生产管理职责。

2 目标管理。

3 施工组织设计。

4 安全技术交底。

5 检查、检验。

6 安全教育培训。

7 安全活动。

8 特种作业管理。

9 工伤事故处理。

10 安全标志。

11 文明施工管理。

12 民工夜校和浴室。

13 绿色施工。

3.10.3 安全资料应采用书面文字、图片和视频影像等形式，以文字形式作为传递、反馈、记录各类安全信息的凭证。

4　文明施工

4.1　一般规定

4.1.1　施工现场文明施工管理的原则是：合理布局、道路通畅、生活卫生、文明整洁、安全高效。

4.1.2　建筑工程施工总承包单位应对施工现场的文明施工负总责，分包单位应服从总承包单位的管理。参建单位及现场人员应有维护施工现场文明施工的责任和义务。

4.1.3　建筑工程的文明施工管理应纳入施工组织设计或编制专项方案，应明确文明施工的目标和措施。

4.1.4　施工现场应建立文明施工管理制度，落实管理责任，应定期检查并记录。

4.1.5　施工人员的教育培训、考核应包括文明施工等有关内容。

4.2　现场围挡

4.2.1　施工现场应实行封闭管理，并应采用硬质围挡。市区主要路段的施工现场围挡高度不应低于 2.5 m，一般路段围挡高度不应低于 2 m。围挡应牢固、稳定、整洁。距离交通路口 20 m 范围内占据道路施工设置的围挡，其 0.8 m 以上部分应采用通透性围挡，并应采取交通疏导和警示措施。

4.2.2　砌体围挡的结构构造应符合下列规定：

1　砌体围挡不应采用空心墙砌筑方式。

2　砌体围挡必须经设计确定，采取安全措施，应在两端设置壁柱，每 3 m 设置加墙柱。

3　单片砌体围挡长度大于 30 m 时，宜设置变形缝，变形缝两侧均应设置端柱。

4　围挡顶部应采取防雨水渗透措施。

5　壁柱与墙体间应设置拉结钢筋，拉结钢筋直径不应小于 6 mm，间距不应大于 500 mm，伸入两侧墙内的长度均不应小于 1 000 mm。

4.2.3　装配式围挡应符合下列规定：

1　围挡的高度不宜超过 2.5 m。

2　当高度超过 1.5 m 时，宜设置斜撑，斜撑与水平地面的夹角宜为 45°。

3　立柱的间距不应大于 3.6 m。

4　横梁与立柱之间应采用螺栓可靠连接。

5　围挡应采取抗风措施。

4.2.4　围挡的使用应符合下列规定：

1　提倡优先采用可重复使用围挡。

2　对围挡应定期进行检查，当出现开裂、沉降、倾斜等险情时，应立即采取相应加固措施。

3　堆场的物品、弃土等不得紧靠围挡堆载，堆场离围挡的安全距离不应小于 1.0 m。

4　围挡上的灯光照明设置和使用等，应符合现行行业标准《施工现场临时用电安全技术规范》JGJ 46 的规定。

4.2.5　市政基础设施工程围挡高度不低于 2 m，围挡顶部应设置警示照明灯，有条件的还应设置雾化喷淋降尘设备。

4.3 封闭管理

4.3.1 施工现场应设置固定出入口，出入口应设置大门，大门侧应设置供人员进出的专用通道（门禁系统）及门卫室。大门应采用铁花大门或电动门，宽度宜大于 6 m。门口应立门柱，门头设置企业标志。

4.3.2 施工现场主要出入口围挡外侧应张挂施工公告牌、工程概况牌、管理人员名单及监督电话牌、安全生产牌、环境保护和绿色施工牌、消防保卫牌、施工总平面图等；图牌规格为 900 mm ×1 400 mm。

4.3.3 施工现场进出口道路应硬化，应设置立体式或平层式冲洗设备，对进出的车辆进行冲洗，并设置回型 300 mm×300 mm 截水沟、两级沉淀池。

4.3.4 大门处应设置门卫室，并配备门卫，建立门卫职守管理制度，对来访人员进行登记，禁止无关人员进入施工现场。

4.4 施工场地

4.4.1 施工现场应按施工总平面图进行布置。作业区、生活区、办公区应分区设置，且应采取相应的隔离措施，并应设置导向、警示、宣传等标识。

4.4.2 施工现场的主要道路及材料加工区、材料堆场地面应进行硬化处理，混凝土路面厚度不应小于 200 mm，强度等级不应低于 C20。裸露的场地和集中堆放的土方等应采取覆盖、固化或绿化措施。

4.4.3 施工现场应场地平坦、整洁，道路坚实、通畅，道路应满足运输要求，场地内不得有大面积积水。

4.4.4 施工现场应有防止泥浆、污水、废水污染环境的措施。

4.4.5 施工现场严禁焚烧或就地填埋有毒有害危险废物。

4.4.6 施工现场应在危险区域设置安全警示标识标语。

4.5 施工现场材料管理

4.5.1 建筑材料、构件、料具应按总平面布置进行分类、有序码放，并应标明名称、规格等。

4.5.2 施工现场材料码放应根据材料属性采取防火、防锈蚀、防雨等措施。

4.5.3 材料加工房应设置在安全地带，并应搭设防护棚，防护棚应防砸、防火、防雨，结构牢固；所有材料加工房、防护棚安装完毕后，必须经验收合格才能投入使用。

4.5.4 建筑物内施工垃圾的清运，应采用器具或管道运输，严禁随意抛掷。

4.5.5 易燃易爆物品应分类储藏在专用库房内，制定防火措施，并应有专人负责及定期检查，使用前进行专项交底。

4.6 临时设施

4.6.1 施工现场应设置办公用房、宿舍、食堂、厕所、盥洗设施、浴室、开水间、文体活动室、职工夜校等临时设施。文体活动室应配备文体活动设施和用品。严禁在尚未竣工的建筑物内设置宿舍。

4.6.2 办公区、生活区宜位于建筑物坠物的坠落半径和塔吊等机械作业半径之外。如因场地受限在建筑物坠落半径及塔机覆盖范围内的临时设施，应搭设双层防砸棚。

4.6.3 办公用房、宿舍宜采用钢结构或具备产品合格证的装配式活动房，其燃烧性能等级应为 A 级。活动房的层数不宜超过 2 层，会议室、食堂、库房、职工夜校等应设在活动房的底层，食堂应单独设置一层。

4.6.4 办公用房应符合下列规定：

1 办公用房应包括办公室、会议室、资料室、档案室等。

2 办公用房室内净高不应低于 2.5 m。

3 办公室的人均使用面积不宜小于 4 m^2，会议室使用面积不宜小于 30 m^2。

4.6.5 宿舍应符合下列规定：

1 宿舍必须结构安全，设施完整。应保证必要的生活空间，室内净高不得小于 2.5 m，通道宽度不得小于 0.9 m，住宿人员人均面积不得小于 2.5 m^2，每间宿舍居住人员不得超过 12 人。宿舍应有专人负责管理，床头宜设置床头卡。

2 宿舍必须设置可开启式外窗，床铺不应超过 2 层，不得使用通铺。

3 宿舍内应有防暑降温措施。宿舍应设置生活用品专柜、鞋柜或鞋架、垃圾桶等生活设施。生活区应提供晾晒衣物的场所或晾衣架。

4 宿舍照明电源宜选用安全电压，采用强电照明的宜使用限流器。生活区宜单独设置手机充电柜或充电房间。

4.6.6 食堂应符合下列规定：

1 食堂应设置在远离厕所、垃圾站、有毒有害场所等有污染源的地方；食堂必须使用清洁能源做燃料。

2 食堂应设置隔油池，并应定期清掏，下水管线应与市政污水管线连接，保持排水通畅。

3 食堂应设置独立的操作间、售菜（饭）间、储藏间和燃气储存房间，门扇下方应设不低于 0.2 m 的防鼠挡板。制作间灶台及其周边应采取易清洁、耐擦洗措施，墙面处理高度应大于 1.5 m，地面应做硬化和防滑处理，并应保持墙面、地面整洁。

4 食堂应配备必要的排风和冷藏设施，宜设置通风天窗和油烟净化装置，油烟净化装置应定期清洗。

5 食堂宜使用电炊具，使用燃气的食堂，燃气罐应单独设置存放间并应加装燃气报警装置，存放间应通风良好并严禁存放其他物品，供气单位资质应齐全，气源应有可追溯性。

6 食堂制作间的炊具宜存放在封闭的橱柜内，刀、盆、案板等炊具应生熟分开。

7 食堂应设置密闭式泔水桶，剩余材料应倒入泔水桶中，并及时清运。

8 生熟食品应分开加工和保管，存放成品或半成品的器皿应有耐冲洗的生熟标识。成品或半成品应遮盖，遮盖物品应有正反面标识。各种佐料和副食应存放在密闭器皿内，并应有标识。

9 存放食品原料的储藏间或库房应有通风、防潮、防虫、防鼠等措施，库房不得兼做他用。粮食存放台距墙和地面应大于 0.2 m。

4.6.7 厕所、盥洗设施、浴室应符合下列规定：

1 施工现场应设置水冲式或移动式厕所。厕所地面应硬化，门窗应齐全并通风良好，内墙面 1.8 m 以下应贴瓷砖。厕所宜设置门及隔板，高度不应小于 0.9 m。

2 厕所面积应根据施工人员数量设置，蹲位与人员比例为 1∶25。高层建筑施工超过 8 层时，宜每隔 4 层设置临时厕所。

3 厕所应设专人负责，定期清扫、消毒，化粪池应定期清掏。临时厕所的化粪池应进行防渗漏处理。厕所应设置洗手盆，进出口处应设有明显标志。

4 施工现场应设置满足施工人员使用的盥洗设施。盥洗设施的下水管口应设置过滤网，并应与市政污水管线连接，排水应通畅。

5 施工现场应设置男女浴室，浴室地面应做防滑处理，淋浴间内应设置满足需要的淋浴喷头，并应设置储衣柜或挂衣架。

6 淋浴间照明器具应采用防水灯头、防水开关，并设置漏电保护装置，额定漏电动作电流≤15 mA，额定漏电动作时间≤0.1 s。

4.6.8 职工夜校应符合下列规定：

1 建筑工程面积在 10 000 m^2 以内的，教室的面积不应小于 20 m^2 或设置座位不少于 25 座；建筑工程在 10 000 ~ 50 000 m^2 的，教室的面积不应小于 30 m^2 或设置座位不少于 40 座；建筑工程面积在 50 000 m^2 以上的，教室面积不应小于 50 m^2 或设置座位不少于 60 座。

2 教室室内高度不应低于 3 m，室内明亮宽敞。室内墙壁及屋顶应严密，并应在前后墙上各设置至少两扇可开启式玻璃窗户，窗户的面积与墙面面积比不应小于 1∶10。门应设置双门向外开启。必要时设置排风扇，以保证室内通风良好。

3 教室内应设置相匹配的座椅、讲台、黑板、照明、消防器材以及电视及播放系统。

4 教室内应张贴卫生管理等制度，派专人负责，定时打扫卫生。

4.6.9 施工现场宜单独设置文体活动室，使用面积不宜小于 50 m^2。文体活动室应配备电视机、书报、杂志和必要的文体活动用品。

4.6.10 易燃易爆危险品库房应使用不燃材料搭建，符合相关规范要求。

4.6.11 施工现场应设有茶水休息亭，并与施工区域保持符合安全的距离，茶水休息亭上应有防护措施，应配备茶水桶、长条座椅，夏冬两季应设置相应防暑降温和防寒保暖设施。

4.7 卫生防疫

4.7.1 办公区和生活区应设专职或兼职保洁员，并应采取灭鼠、灭蚊蝇、灭蟑螂等措施。施工现场垃圾处理应符合相关规定。

4.7.2 食堂应取得相关部门颁发的卫生许可证，并应悬挂在制作间醒目位置。炊事人员必须经体检合格并持证上岗。

4.7.3 炊事人员上岗应穿戴洁净的工作服、工作帽和口罩，并应保持个人卫生。非炊事人员不得随意进入食堂制作间。

4.7.4 食堂的炊具、餐具和公共饮水器具应及时清洗、定期消毒。

4.7.5 施工现场应加强食品、原料的进货管理，建立食品、原料采购台账，保存原始采购单据。严禁购买无照、无证商贩的食品和原料。食堂应按许可范围经营，严禁制售易导致食物中毒的食品和变质食品。

4.7.6 当施工现场遇突发疫情时，应及时上报，并按卫生防疫部门的相关规定进行处理。

5 脚手架

5.1 一般规定

5.1.1 脚手架搭设作业前应编制专项施工方案，经设计验算，专项施工方案应按规定进行审核、审批，验收合格后使用，架工应持证上岗。

5.1.2 脚手架应符合现行行业标准《建筑施工扣件式钢管脚手架安全技术规范》JGJ 130、《建筑施工工具式脚手架安全技术规范》JGJ 202 及国家和地方相关管理规定。

5.1.3 脚手架工程应满足安全可靠、使用方便、经济适用的原则。

5.1.4 脚手架维护、维修、保养和检验时，应符合现行国家标准《租赁模板脚手架维修保养技术规范》GB 50829 相关规定。

5.2 落地式钢管脚手架

5.2.1 钢管脚手架宜选用外径 48.3 mm、壁厚 3.6 mm 的钢管，每根钢管的最大质量不应大于 25.8 kg，钢管上严禁打孔。扣件紧固力矩不应小于 40 N · m，且不应大于 65 N · m。扣件、钢管应采用有工业产品生产许可证、质量合格证和质量检验报告的产品。进场扣件和钢管质量不应低于国家报废标准，并应按规定进行抽样检验。

5.2.2 落地式钢管脚手架（图 5.2.2）基础应符合下列规定：

1　落地式钢管脚手架地基与基础的施工，应根据脚手架所受荷载、搭设高度、搭设场地土质情况与现行国家标准《建筑地基基础工程施工质量验收规范》GB 50202 的有关规定执行。

2　脚手架基础应按方案要求平整夯实及硬化，并设置排水沟。立杆底部设置的垫板、底座应符合规范要求。

3　架体应在距立杆底端高度不大于 200 mm 处设置纵、横向扫地杆，并应用直角扣件固定在立杆上，横向扫地杆应设置在纵向扫地杆的下方。

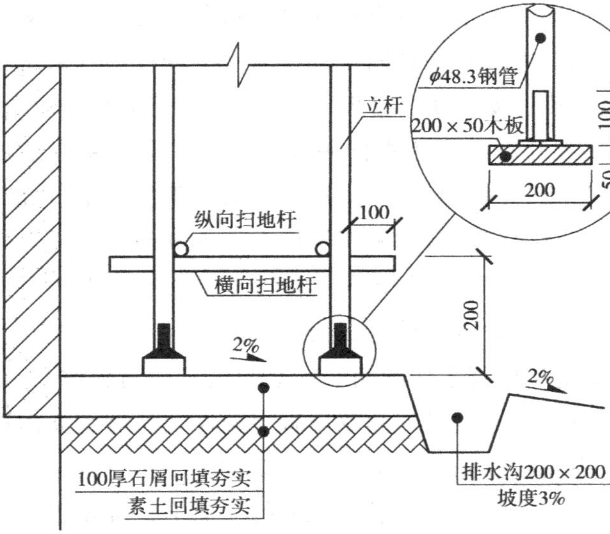

图 5.2.2　脚手架基础示意图（单位：mm）

5.2.3　架体连墙件应符合下列规定：

1　连墙件宜靠近主节点设置，偏离主节点的距离不应大于 300 mm。

2 连墙件应从架体底层第一步纵向水平杆处开始设置；当该处设置确有困难时，应采用其他可靠措施固定。

3 连墙件应优先采用菱形布置，或采用方形、矩形布置。

4 开口型脚手架的两端必须设置连墙件，连墙件的垂直间距不应大于建筑物的层高，并且不应大于4 m。

5 连墙件必须采用可承受拉力和压力的构造。

5.2.4 杆件间距、杆件连接与剪刀撑应符合下列规定：

1 架体立杆、纵向水平杆、横向水平杆的间距应符合设计和规范要求。横向水平杆应设置在纵向水平杆与立杆相交的主节点处，两端应与纵向水平杆固定；纵向水平杆杆件宜采用对接，若采用搭接，其搭接长度不应小于1 m，且固定应符合规范要求。

2 脚手架立杆基础不在同一高度上时，必须将高处的纵向扫地杆向低处延长两跨与立杆固定，高低差不应大于 1 m。靠边坡上方的立杆轴线到边坡的距离不应小于500 mm。

3 立杆接长除顶层顶步外，其余各层各步接头必须采用对接扣件连接，杆件对接扣件应交错布置。

4 开口型双排脚手架的两端均必须设置横向斜撑。

5 高度在24 m及以上的双排脚手架应在外侧全立面连续设置剪刀撑；高度在 24 m 以下的单、双排脚手架，均必须在外侧两端、转角及中间间隔不超过 15 m 的立面上，各设置一道剪刀撑，并应由底至顶连续设置。

6 剪刀撑杆件的接长、剪刀撑斜杆与架体杆件的固定应符合规范要求。

5.2.5 脚手板与防护应符合下列规定：

1 脚手板材质、规格应符合规范要求，铺设应严密、牢靠，离墙面的距离不应大于 150 mm。

2 架体外侧应采用密目式安全网封闭，网间连接应严密。

3 作业层脚手板下应采用安全平网兜底，以下每隔 10 m 应采用安全平网封闭；作业层里排架体与建筑物之间应采用脚手板或安全平网封闭。

4 作业层应按规范要求设置防护栏杆、挡脚板。栏杆和挡脚板均应搭设在外立杆的内侧，上栏杆上皮高度应为 1.2 m，中栏杆应居中设置，挡脚板高度不应小于 180 mm。

5.2.6 斜道（图 5.2.6）应符合下列规定：

1 高度不大于 6 m 的脚手架，宜采用一字型斜道；高度大于 6 m 的脚手架，宜采用之字斜道。上人斜道宽度不应小于 1 m，坡度不应大于 1 : 3；运料斜道宽度不应小于 1.5 m，坡度不应大于 1 : 6。

2 拐弯处应设置平台，其宽度不应小于斜道宽度；斜道两侧及平台外围均应设置栏杆及挡脚板，栏杆高度应为 1.2 m，挡脚板高度不应小于 180 mm，防护栏杆和挡脚板表面应刷红白或黄黑相间的警示色。

3 斜道应附着外脚手架或建筑物设置，外侧挂密目网封闭，其各立面应设置剪刀撑。

4 斜道的基础与外脚手架基础一致，斜道的连墙件按照开口型脚手架要求设置。

5 斜道的脚手板上应每隔 250 ~ 300 mm 设置一根防滑木条，木条厚度应为 20 ~ 30 mm。

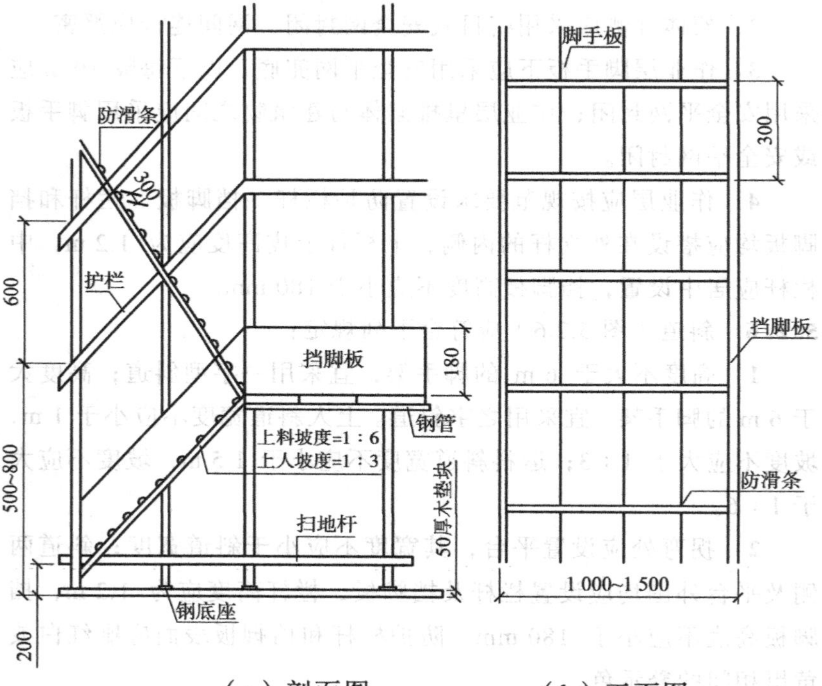

（a）剖面图　　　（b）正面图

图 5.2.6　斜道示意图（单位：mm）

5. 2. 7　交底与验收应符合下列规定：

1　架体搭设前应进行安全技术交底，并应有文字记录。

2　架体分段、分层搭设，分段、分层使用时，应进行分段、分层验收。

3　搭设完毕应办理验收手续，验收应有量化内容并经责任人签字确认。

5.2.8 脚手架拆除应按专项方案施工，拆除前应全面检查脚手架的扣件连接、连墙件、支撑体系等是否符合构造要求，并根据检查结果补充完善脚手架专项方案中的拆除顺序和措施，经审批后方可实施；拆除前应对施工人员进行交底；应清除脚手架上的杂物及地面障碍物。

5.2.9 单、双排脚手架拆除作业必须由上而下逐层进行，严禁上下同时作业；连墙件必须随脚手架逐层拆除，严禁先将连墙件整层或数层拆除后再拆脚手架；分段拆除高差大于两步时，应增设连墙件加固。卸料时各构配件严禁抛掷至地面。

5.3 悬挑式脚手架

5.3.1 型钢悬挑梁宜采用双轴对称截面的型钢。悬挑钢梁型号及锚固件应按设计确定，钢梁截面高度不应小于 160 mm。悬挑梁尾端应有两处及以上固定于钢筋混凝土梁板结构上。锚固型钢悬挑梁的 U 形钢筋拉环或锚固螺栓直径不宜小于 16 mm；每个型钢悬挑梁外端宜设置钢丝绳或钢拉杆与上一层建筑结构斜拉结，如图 5.3.1 所示。

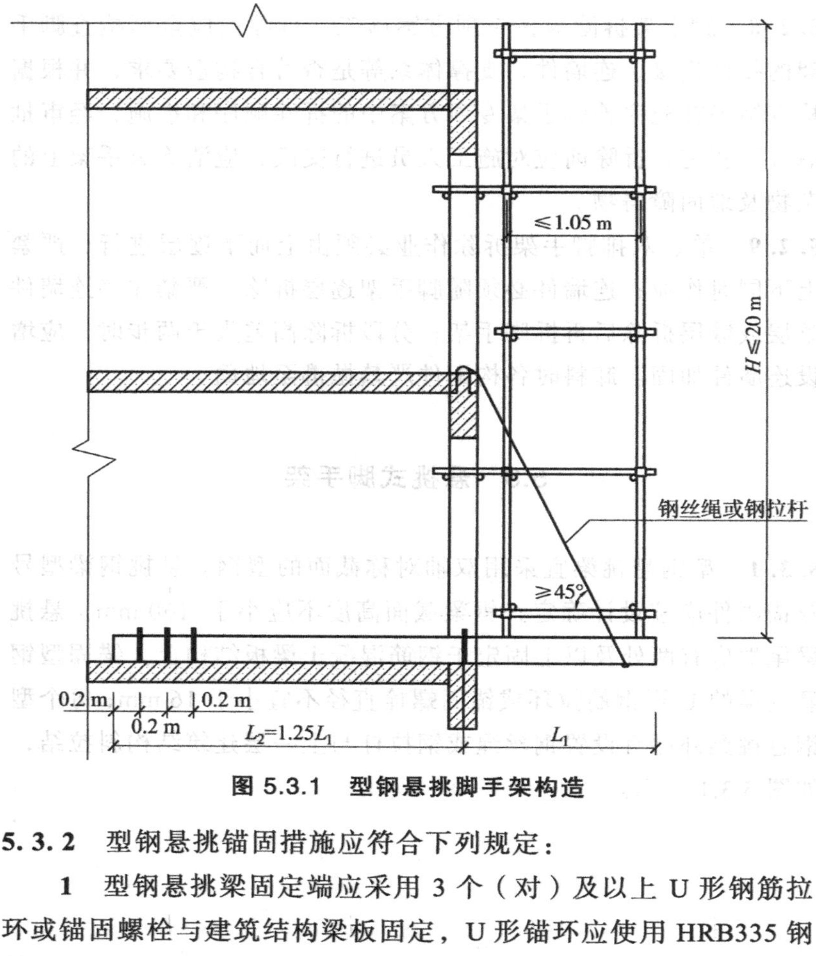

图 5.3.1 型钢悬挑脚手架构造

5.3.2 型钢悬挑锚固措施应符合下列规定：

1 型钢悬挑梁固定端应采用 3 个（对）及以上 U 形钢筋拉环或锚固螺栓与建筑结构梁板固定，U 形锚环应使用 HRB335 钢筋，U 形钢筋拉环或锚固螺栓应预埋至混凝土梁、板底层钢筋位置，并应与混凝土梁、板底层钢筋焊接或绑扎牢固。

2 用于锚固的 U 形钢筋拉环或螺栓应采用冷弯成型。U 形钢筋拉环、锚固螺栓与型钢间隙应用钢楔或硬木楔楔紧。

3　锚固位置设在楼板上时，楼板的厚度不宜小于 120 mm。如果楼板的厚度小于 120 mm 应采取加固措施。

5.3.3　悬挑式脚手架架体稳定措施应符合下列规定：

1　立杆底部应与钢梁连接柱固定。

2　纵横向扫地杆的设置应符合规范要求。

3　剪刀撑应沿悬挑架体外侧全立面连续设置，角度应为 45° ~ 60°。

4　架体应按规定设置横向斜撑。

5　架体应采用刚性连墙件与建筑结构拉结，设置的位置、数量应符合设计和规范要求。

5.3.4　钢丝绳的固接方式应符合下列规定：

悬挑脚手架型钢悬挑梁外端的拉索基本上都是使用钢丝绳。钢丝绳的固接均使用绳卡，选用绳卡的规格必须与钢丝绳直径保持一致。钢丝绳的固接点应使用 3 个或以上的绳卡，每个绳卡的间距应大于或等于钢丝绳直径的 6 倍，绳卡压板应在钢丝绳受力端一边。钢丝绳末端应形成一个安全弯，以检视钢丝绳受力时是否有因绳卡松脱而导致钢丝绳末端滑移的现象。钢丝绳的圈套应内置鸡心环，以保护钢丝绳与吊环接触的受拉点（面），如图 5.3.4 所示。

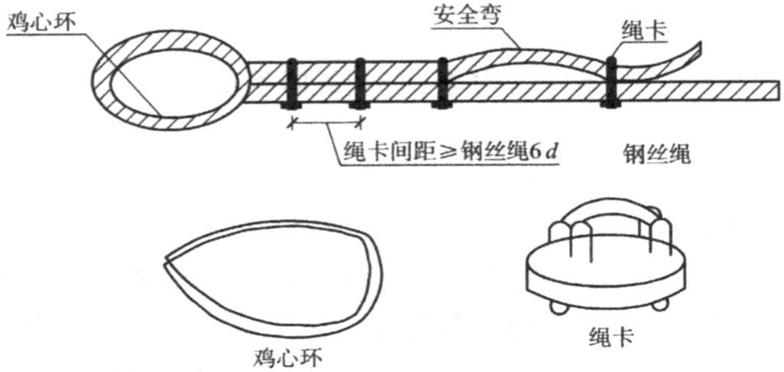

图 5.3.4　钢丝绳的固结方式

5.3.5 架体脚手板的材质、规格应符合规范要求；脚手板铺设应严密、牢固，伸出横向水平杆长度不应大于 150 mm。

5.3.6 架体防护应符合下列规定：

1 作业层应按规范要求设置防护栏杆；作业层外侧应设置高度不小于 180 mm 的挡脚板；架体外侧应采用密目式安全网封闭，网间连接应严密。

2 架体作业层脚手板下应采用安全平网兜底，以下每隔 10 m 应采用安全平网封闭；作业层里排架体与建筑物之间应采用脚手板或安全平网封闭。

3 架体底层沿建筑结构边缘在悬挑钢梁与悬挑钢梁之间应采取措施封闭。

4 架体底层应进行封闭。

5.3.7 交底与验收应符合下列规定：

1 架体搭设前应进行安全技术交底，并应有文字记录。

2 架体分段、分层搭设，分段、分层使用时，应进行分段、分层验收。

3 搭设完毕应办理验收手续，验收应有量化内容并经责任人签字确认。

5.4 附着式升降脚手架

5.4.1 附着式升降脚手架应安装防坠落装置、防倾覆装置，以及同步升降控制等安全防护装置。

1 防坠落装置应设置在主框架处并附着在建筑结构上，每一升降点不得少于一个防坠落装置，防坠落装置与升降设备必须分别独立固定在建筑结构上；防坠落装置必须采用机械式全自动装置，严禁使用每次升降都需重组的手动装置。

2 升降和使用工况时，最上和最下两个导向之间的最小间距不得小于 2.8 m 或架体高度的 1/4。

3 附着式升降脚手架升降时，应配备有限制荷载或水平高差的同步控制系统。连续式水平支承桁架，应采用限制荷载自控系统；简支静定水平支承桁架，应采用水平高差同步自控系统；当设备受限时，可选择限制荷载自控系统。

5.4.2 附着式升降脚手架结构构造的尺寸应符合下列规定：

1 架体高度不应大于 5 倍楼层高度。

2 架体宽度不应大于 1.2 m。

3 直线布置的架体支承跨度不应大于 7 m，折线或曲线布置的架体，相邻两主框架支撑点处的架体外侧距离不应大于 5.4 m。

4 架体水平悬挑长度不应大于 2 m，且不应大于跨度的 1/2；架体悬臂高度不应大于架体高度的 2/5，且不应大于 6 m。

5 架体高度与支承跨度的乘积不应大于 110 m^2。

5.4.3 附着式升降脚手架的附着支承结构应包括附墙支座、悬臂梁及斜拉杆，其构造应符合下列规定：

1 竖向主框架所覆盖的每个楼层处应设置一道附墙支座。

2 在使用工况时，应将竖向主框架固定于附墙支座上。

3 在升降工况时，附墙支座上应设有防倾、导向的结构装置。

4 附墙支座应采用锚固螺栓与建筑物连接，受拉螺栓的螺母不得少于两个或应采用弹簧垫圈加单螺母，螺杆露出螺母端部的长度不应少于 3 扣，并不得小于 10 mm，垫板尺寸应由设计确定，且不得小于 100 mm × 100 mm × 10 mm。

5 附墙支座支承在建筑物上连接处混凝土的强度应按设计要求确定，且不得小于 C10。

5.4.4 附着式升降脚手架的架体安装应符合下列规定：

1 主框架和水平支承桁架的节点应采用焊接或螺栓连接，各杆件的轴线应汇交于节点。

2 内外两片水平支承桁架的上弦和下弦之间应设置水平支撑杆件，各节点应采用焊接或螺栓连接。

3 架体立杆底端应设在水平桁架上弦杆的节点处。

4 竖向主框架组装高度应与架体高度相等。

5 剪刀撑应沿架体高度连续设置，并应将竖向主框架、水平支承桁架和架体构架连成一体，剪刀撑斜杆水平夹角应为45°～60°。

5.4.5 附着式升降脚手架在进行架体升降时应注意以下事项：

1 两跨以上架体同时升降应采用电动或液压动力装置，不得采用手动装置。

2 升降工况附着支座处建筑结构混凝土强度等级应符合设计和规范要求。

3 升降工况架体上不得有施工荷载，严禁人员在架体上停留。

5.4.6 检查与验收应符合下列规定：

1 动力装置、主要结构配件进场应按规定进行验收。

2 架体分区段安装、分区段使用时，应进行分区段验收。

3 架体安装完毕应按规定进行整体验收，验收应有量化内容并经责任人签字确认。

4 架体每次升、降前后应按规定进行检查，并应填写检查记录。

5.4.7 架体防护与脚手板应符合下列规定：

1 架体外侧应采用密目式安全网进行封闭，网间连接应严密。

2　作业层应按规范要求设置防护栏杆，其外侧应设置不小于 180 mm 的挡脚板。

3　作业层里排架体与建筑物之间应采用脚手板或安全平网封闭，脚手板应铺设严密、平整、牢固。

5.4.8　安全作业应符合下列规定：

1　操作前应对有关技术人员和作业人员进行安全技术交底，并应有文字记录。

2　作业人员应经培训并定岗作业。

3　安装拆除单位资质应符合要求，特种作业人员应持证上岗。

4　架体安装、升降、拆除时应设置安全警戒区，并应设置专人监护。

5　荷载分布应均匀，荷载最大值应在规范允许范围内。

5.5　卸料平台

5.5.1　悬挑式卸料平台（图 5.5.1）应符合下列规定：

1　悬挑式卸料平台构造的基本要求：

1）悬挑式卸料平台的制作安装应编制专项施工方案，并附设计验算结果。

2）卸料平台的钢丝绳拉索，其直径宜≥ $\phi 18$，在平台两侧各配置 2 根（并应有防坠保险措施）。

3）钢丝绳拉索不得共用上吊点的吊环，每根钢丝绳拉索应独立使用一个吊环。钢丝绳外端宜与端部拉接，内端钢丝绳与外端钢丝绳之间不宜大于 1 m 并复核计算，型钢下部与结构边沿处应设置防型钢内滑移挡块。

4）卸料平台不得与脚手架连接。

5）卸料平台两侧面应设置固定的防护栏杆，其立杆与主挑梁焊接固定，外侧设置内开式活动防护门。防护栏杆内侧宜采用竹胶板封闭，并挂设限载标志牌。

6）卸料平台应按设计方案检查验收，符合要求后挂“验收合格牌”“限载警示牌”后方准使用。

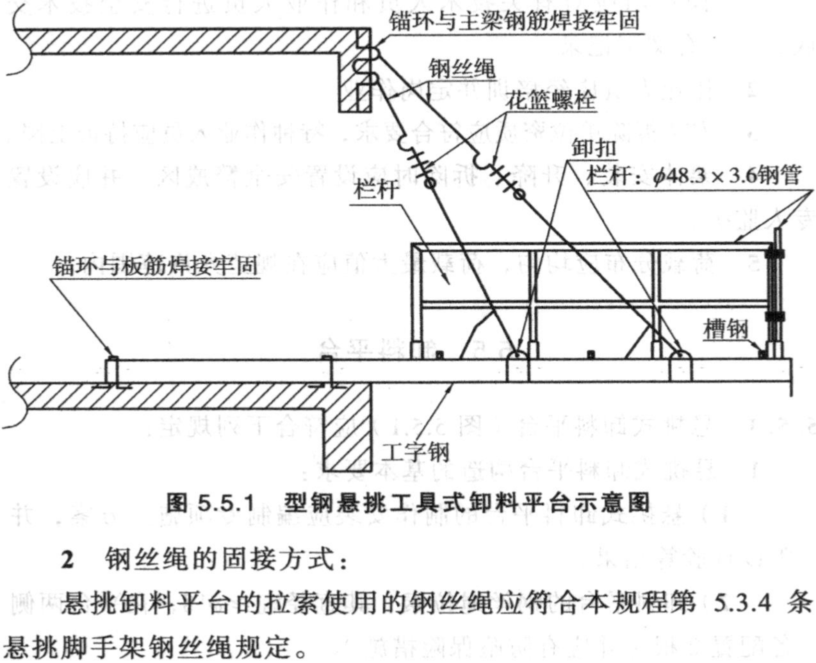

图 5.5.1 型钢悬挑工具式卸料平台示意图

2 钢丝绳的固接方式：

悬挑卸料平台的拉索使用的钢丝绳应符合本规程第 5.3.4 条悬挑脚手架钢丝绳规定。

5.5.2 落地式卸料平台搭设应符合下列规定：

1 落地式钢管卸料平台必须编制搭设方案，进行设计计算。

2 落地式钢管卸料平台的长、宽、高尺寸可根据工程需要适当调整，形式不变。

3 卸料平台应与主体结构形成刚性连接，高宽比不宜大于

3，高宽比大于 3 时应采取防倾覆技术措施。卸料平台不得与脚手架连接。

4 卸料平台上设踢脚板和护身栏杆，护身栏杆高度 1.2 m，平台上采用 50 mm 厚的脚手板铺设并固定牢固。

5 卸料平台要结合工程进度搭设，搭设未完的平台，在作业人员离开岗位时，不得留有未固定的构件和不安全的隐患，确保架体的稳定。

6 卸料平台应按设计方案检查验收，必须悬挂“限载警示牌”。符合要求后挂“验收合格牌”方准使用。

5. 5. 3 其他形式的卸料平台设计、施工等应符合相关规定。

6 基坑工程

6.1 一般规定

6.1.1 基坑工程应在已有勘察报告和基坑设计文件的基础上，对施工现场进行环境调查，并形成基坑环境调查报告。

6.1.2 基坑工程的专项施工方案应严格依据现行国家标准《建筑基坑工程监测技术规范》GB 50497、现行行业标准《建筑基坑支护技术规程》JGJ 120 和《建筑施工土石方工程安全技术规范》JGJ 180 等规范、标准的相关要求进行编制。

6.1.3 基坑开挖前，应查清周边环境，如建筑物、市政管线、道路、地下水等情况，并应将开挖范围内的各种管线迁移、拆除，或采取可靠保护措施。

6.1.4 主体结构施工过程中，不应损坏基坑支护结构。当需改变支护结构工作状态时，应经基坑设计单位复核。

6.1.5 基坑各监测项目采用的监测仪器的精度、分辨率及测量精度应能反映监测对象的实际状况，并应满足基坑监控的要求。

6.2 基坑工程专项施工方案

6.2.1 工程项目部应在基坑工程施工前，根据施工现场的工程地质条件、开挖深度及周边环境等因素，编制专项施工方案，并按相关规定进行审核、审批。

6.2.2 当基坑工程的施工条件或周边环境发生变化时，专项施工方案应重新进行审核、审批。

6.2.3 对于深基坑工程，工程项目部应编制安全专项施工方案，且安全专项施工方案应通过专家论证。

6.3 基坑开挖

6.3.1 基坑开挖应符合下列规定：

1 当支护结构构件强度满足设计要求时，方可开挖；对采用预应力锚杆的支护结构，应在施加预加力后，方可开挖下层土方；对土钉墙，应在土钉、喷射混凝土面层的养护时间大于 2 d 后，方可开挖下层土方。

2 应按支护结构设计规定的施工顺序和开挖深度分层开挖。

3 开挖至锚杆、土钉施工作业面时，开挖面与锚杆、土钉的高差不宜大于 500 mm。

4 开挖时，挖土机械不得碰撞或损害锚杆、腰梁、土钉墙墙面、内支撑及其连接件等构件，不得损害已施工的基础桩。

5 当基坑采用降水时，地下水位以下的土方应在采取降水措施后开挖。

6 当开挖揭露的实际土层性状或地下水情况与设计依据的勘察资料明显不符，或出现异常现象、不明物体时，应停止挖土，在采取相应处理措施后方可继续挖土。

7 挖至坑底时，应避免扰动基底持力土层的原状结构。

6.3.2 软土基坑开挖尚应符合下列规定：

1 应按分层、分段、对称、均衡、适时的原则开挖。

2　当主体结构采用桩基础且基础桩已施工完成时，应根据开挖面下软土的性状，限制每层开挖厚度。

3　对采用内支撑的支护结构，宜采用开槽方法浇筑混凝土支撑或安装钢支撑；开挖到支撑作业面后，应及时进行支撑的施工。

4　对重力式水泥土墙，沿水泥土墙方向应分区段开挖，每一开挖区段的长度不宜大于 40 m。

6.3.3　当基坑开挖面上方的锚杆、土钉、支撑未达到基坑设计要求时，严禁向下超挖土方。

6.3.4　采用锚杆或支撑的支护结构，在未达到基坑设计规定的拆除条件时，严禁拆除锚杆或支撑。

6.3.5　基坑周边施工材料、设施或车辆荷载严禁超过基坑设计要求的地面荷载限值。

6.4　基坑支护结构施工

6.4.1　在基坑支护结构施工时，基坑支护应与降水、开挖相互协调，各工况和工序应符合设计要求。

6.4.2　基坑支护结构施工与拆除不应影响主体结构、邻近地下设施与周围建（构）筑物等的正常使用，必要时应采取减少不利影响的措施。

6.4.3　当遇到有可能产生相互影响的邻近工程进行基坑开挖、边坡工程、盾构顶进等施工作业时，应确定相互间合理的施工顺序和方法，必要时应采取措施减少相互影响。

6.5 基坑施工监测

6.5.1 基坑施工应根据施工现场实际情况定期进行监测，监测应采用仪器监测与巡视相结合的方法。用于监测的仪器应按测量仪器有关要求定期标定。

6.5.2 基坑施工监测应包括下列主要内容：

1 基坑周边地面沉降。

2 周边重要建筑沉降。

3 周边建筑物、地面裂缝。

4 支护结构裂缝。

5 坑内外地下水位。

6 地下管线渗漏情况。

6.5.3 基坑工程施工过程中每天应有专人进行巡视检查，巡视检查宜以目视为主，可辅以锤、钎、量尺、放大镜等工具以及摄像、摄影等手段进行，并应作好巡视记录。如发现异常情况和危险情况，应对照仪器监测数据进行综合分析。

6.6 基坑安全使用与维护

6.6.1 基坑开挖完毕后，应组织验收，经验收合格并进行安全使用与维护技术交底后，方可使用。

6.6.2 基坑使用与维护中进行工序移交时，应办理移交签字手续。

6.6.3 应进行基坑安全使用与维护技术培训，定期开展应急处置演练。

6.6.4 基坑使用中应针对暴雨、冰雹等灾害天气，及时对基坑安全进行现场检查。

6.6.5 基坑工程应按设计要求进行地面硬化，并在周边设置防水围挡和防护栏杆。对膨胀性土及冻土的坡面和坡顶 3 m 以内应采取防水及防冻措施。

6.6.6 在基坑周边影响范围内不宜建造临时设施；必须建造时应经设计复核，并应采取保护措施。

6.6.7 雨季施工时，应有防洪、防暴雨措施及排水备用材料和设备。

6.6.8 基坑、管沟边沿及边坡等危险地段施工时，应设置安全护栏和明显警示标志。夜间施工时，现场照明条件应满足施工需要。

6.6.9 基坑内应设置作业人员上下坡道或爬梯，数量不应少于 2 个，且作业位置的安全通道应畅通。

6.6.10 降水系统维护应符合下列规定：

1 定时巡视降排水系统的运行情况，及时发现和处理系统运行的故障和隐患。

2 应采取措施保护降水系统，严禁损害降水井。

3 冬季降水应采取防冻措施。

6.6.11 基坑围护结构出现损伤时，应编制加固修复方案并及时组织实施。

6.6.12 对预计超过设计使用年限的基坑工程，应提前进行安全评估和设计复核，当设计复核不满足安全指标要求时，应及时进行加固处理。

7 安全防护与保护

7.1 一般规定

7.1.1 安全通道及安全防护棚搭设应严密、牢固，防护棚两侧应采取封闭措施。

7.1.2 “三宝”产品的质量应符合《安全帽》GB 2811、《安全带》GB 6095 和《安全网》GB 5725 标准要求。

7.1.3 在建工程的预留洞口、楼梯口、电梯井口等孔洞应采取防护措施。

7.1.4 在建工程作业面边沿应设置连续的临边防护设施。

7.2 安全通道及安全防护棚

7.2.1 当临街面行人通道、场内施工通道、出入建筑物通道、施工电梯出入口和物料提升机底层进料口施工作业通道处于建筑坠落半径内或处于起重机起重臂回转范围内时，必须设置安全通道及安全防护棚。

7.2.2 安全通道及安全防护棚应采用$\phi 48.3\times 3.6$ 建筑钢管扣件脚手架搭设，宜优先采用定型化、工具化安全通道及安全防护棚，严禁采用竹木杆件搭设。

7.2.3 特别重要的安全通道及安全防护棚必须制订专项技术方案，经企业技术负责人审批，按规定程序报审批准。

7.2.4 安全通道及安全防护棚的搭设

1 施工现场内外道路边线与建筑物或脚手架边缘距离小于

坠落半径的，应搭设安全通道。安全通道净空高度和宽度应根据通道所处坠落半径及人、车通行要求确定，高度不低于 3.5 m，宽度不低于 3 m。

2 进出建筑物主体通道口应搭设防护棚，棚宽大于道口，进深尺寸应符合高处作业安全防护范围。

3 安全通道及安全防护棚进口两侧应搭设钢管立柱，并应悬挂安全警示标志牌和安全宣传标语。安全通道及安全防护棚立杆必须沿通行方向通长设置扫地杆和剪刀撑，立杆纵距不应超过 1 200 mm。安全通道及安全防护棚两侧应设置隔离栏杆及八字撑，并满挂密目安全网，所有水平杆控制伸出立杆外侧 100 mm。

4 安全通道及安全防护棚顶部应严密铺设双层正交竹笆板或双层正交 50 mm 厚木模板的水平硬质防护，层间距不应少于 600 mm，同时应在顶层设置防护栏杆，高度为 1 200 mm，两道水平杆，栏杆刷间距为 400 mm 黄黑或红白相间的警示油漆，除入口处外两侧满挂密目安全网。

5 当临街面人行通道距离建筑物达不到安全距离时，必须搭设用于行人通行的防护通道，其净空高度不低于 3 m，搭设方式与施工现场安全通道相同,并设置明确的警示标牌和引导标志。

7.2.5 安全通道及安全防护棚拆除时，应设警戒区，并应派专人监护，严禁上下同时拆除。

7.3 “三宝”使用规定

7.3.1 采购与存储

1 采购的“三宝”产品必须具备以下资料：

1）生产许可证；

2）产品合格证；

3）检验报告；

4）劳动安全标志；

5）其他按相关规定必须提供的文件。

2 采购的“三宝”产品以产品标注的生产日期为准，存储时间超过一年的，不得进行采购。

3 存储场所应保持干燥、通风，不得接触高温、明火、酸、碱、尖锐坚硬的物体，不得长期在室外暴晒。

4 购入的“三宝”产品在入库时必须按要求查验7.3.1条第1款规定的资料，资料不齐全的，不得予以接收入库。

7.3.2 使用期限

1 安全帽、安全带和安全网的使用期限应以产品说明上的使用期限为准。

2 使用期限以在现场实际使用的期限为准，入库存放期间不列入使用期限。

3 产品出库时做好出库时间记录，退库时也要做好退库记录。累计时间达到使用期限后，应立即予以报废。

7.3.3 使用管理

1 进入施工现场的“三宝”，应按有关存储的规定入库存放。

2 领用的新安全网有以下现象的，视为非正常损坏，按报废处理。

1）平网绑绳大部分被剪断的，网体出现破损的；

2）立网污染严重，无法清洗掉污染物或经清洗仍不能达到使用要求的；

3）立网出现破损，网体有撕裂、洞穿的。

7.3.4 使用要求

1　安全帽的使用要求：

1）选用适合的安全帽，要求帽衬顶端与帽壳内顶必须保持 25 ~ 50 mm 间距；

2）应正确佩戴，系好下颌带；

3）经常检查，发现安全帽有异常损伤、裂痕等缺陷时，应按报废处理。

2　安全带的使用要求：

1）应高挂低用，注意防止摆动碰撞；

2）安全带不得打结使用，也不得将钩直接挂在安全带上使用，应挂在连接环上使用；

3）安全带上的各种部件不得随意拆除；

4）定期检查，发现有磨损严重、附件缺失等隐患时，应及时更换。

3　安全网的使用要求：

1）禁止随意拆除安全网的构件；

2）严禁在网上堆放杂物；

3）在安全网附近焊接作业时，必须有防护措施，防止烧损安全网；

4）禁止砂浆、各种油类等污染安全网；

5）使用中应定期检查，当网受到较大冲击后应及时更换。

7.4　高处作业防护规定

7.4.1　洞口防护

1　进行洞口作业以及在因工程和工序需要而产生的，使人与物有坠落危险或危及人身安全的其他洞口进行高处作业时，必须设置防护设施。

2 板与墙的洞口，必须设置牢固的盖板、防护栏杆、安全网或其他防坠落的防护设施。

3 电梯井口必须设防护栏杆或固定栅门；电梯井内应每隔两层并最多隔 10 m 设一道硬防护。

4 钢管桩、钻孔桩、人工挖孔桩等桩孔上口，杯形、条形基础上口，未填土的坑槽，以及天窗、地板门等处，均应按洞口防护设置稳固的盖件。

5 施工现场通道附近的各类洞口与坑槽等处，应设置防护设施与安全标志，且夜间还应设红灯示警。

6 洞口应根据具体情况采取设防护栏杆、加盖件、张挂安全网与装栅门等措施，必须符合下列要求：

1）楼板、屋面和平台等面上短边尺寸小于 250 mm 但大于 25 mm 的孔口，必须用坚实的盖板盖没。盖板应防止挪动移位。

2）楼板面等处边长为 250 ~ 500 mm 的洞口、安装预制构件时的洞口以及缺件临时形成的洞口，可用竹、木等作盖板盖住洞口。盖板须能保持四周搁置均衡，并有固定其位置的措施。

3）边长为 500 ~ 1 500 mm 的洞口，必须设置以扣件扣接钢管而成的网格，并在其上满铺竹笆或脚手板。也可采用贯穿于混凝土板内的钢筋构成防护网，钢筋网格间距不得大于 200 mm。

4）边长在 1 500 mm 以上的洞口，四周设防护栏杆，洞口下张设安全平网。

5）垃圾井道和烟道，应随楼层的砌筑或安装而消除洞口，或参照预留洞口作防护。管道井施工时，还应加设明显的标志。如有临时性拆移，需经栋号工长核准，工作完毕后必须恢复防护设施。

6）位于车辆行驶道旁的洞口、深沟与管道坑、槽，所加盖板应能承受不小于当地额定卡车后轮有效承载力2倍的荷载。

7）墙面上的竖向洞口，凡落地的洞口应加装开关式、工具式或固定式的防护门，门栅网格的间距不应大于150 mm，也可采用防护栏杆，下设挡脚板。

8）下边沿至楼板或底面低于800 mm的窗台等竖向洞口，如侧边落差大于2 m时，应加设1.2 m高的临时护栏。

9）对邻近的人与物有坠落危险的其他竖向的孔、洞口，均应予以盖没或加以防护，并有固定其位置的措施。

7.4.2 临边防护

1 基坑周边，尚未安装栏杆或栏板的阳台、料台与挑平台周边，雨篷与挑檐边，无外脚手架的屋面与楼层周边及水箱与水塔周边等临边作业，都必须设置防护栏杆。

2 头层墙高度超过3.2 m的二层楼面周边，以及无外脚手架的高度超过3.2 m的楼层周边，必须在外围架设安全平网一道。

3 分层施工的楼梯口和梯段边，必须安装临时护栏。顶层楼梯口应随工程结构进度安装防护栏杆。

4 物料提升机与施工电梯和脚手架等与建筑物通道的两侧边，必须设防护栏杆。地面通道上部应装设安全防护棚。

5 各种垂直运输接料平台，除两侧设防护栏杆外，平台口还应设置安全门或活动防护栏杆。

6 临边防护栏杆杆件的规格及连接要求，应符合下列规定：

1）宜优先采用工具化、定型化防护栏杆。

2）钢管栏杆采用$\phi 48.3\times 3.6$ mm的管材，以扣件或电焊固定。

3）钢筋横杆上杆直径不应小于 16 mm，下杆直径不应小于14 mm。钢筋横杆及栏杆柱直径不应小于18 mm，采用电焊或镀锌钢丝绑扎固定。

4）以其他钢材如角钢等作防护栏杆杆件时，应选用强度相当的规格，以电焊固定。

7 搭设临边防护栏杆时，必须符合下列要求：

1）防护栏杆应由上、下两道横杆及栏杆柱组成，上杆离地高度为 1.0～1.2 m，下杆离地高度为 0.5～0.6 m。坡度大于 1∶22 的屋面，防护栏杆应高 1.5 m，并加挂安全立网。除经设计计算外，横杆长度大于 2 m 时，必须加设栏杆柱。

2）当在基坑四周固定时，可采用钢管并打入地面 500～700 mm 深。钢管离边口的距离，不应小于 500 mm。当基坑周边采用板桩时，钢管可打在板桩外侧。

3）当在混凝土楼面、屋面或墙面固定时，可用预埋件与钢管扣件紧固或螺栓紧固。

4）当在砖或砌块等砌体上固定时，可预先砌入规格相适应的 80 mm×6 mm 弯转扁钢作预埋铁的混凝土块，然后用预埋件与钢管扣件紧固或螺栓紧固。

5）栏杆柱的固定，其整体构造应使防护栏杆在上杆任何处，能经受任何方向的 1 kN 外力。当栏杆所处位置有发生人群拥挤、车辆冲击或物件碰撞等可能时，应加密柱距。

6）防护栏杆必须自上而下用安全立网封闭，或在栏杆下边设置严密固定的高度不低于 180 mm 的挡脚板。挡脚板上如有孔眼，不应大于 25 mm，挡脚板下边距离底面的空隙不应大于 10 mm。

7）卸料平台两侧的栏杆，必须自上而下加挂安全立网。

8）当临边的外侧面临街道时，除防护栏杆外，敞口立面必须采取满挂安全网或其他可靠措施作全封闭处理。

8 模板施工

8.1 一般规定

8.1.1 模板工程应编制安全专项施工方案，并严格按《建筑施工扣件式钢管脚手架安全技术规范》JGJ 130、《建筑施工碗扣式钢管脚手架安全技术规范》JGJ 166、《建筑施工模板安全技术规范》JGJ 162 和《建筑施工临时支撑结构技术规范》JGJ 300 等规范进行施工。模板支架搭设、拆除前应编制专项施工方案，对支架结构进行设计计算，并按程序进行审核、审批。模板支架搭设高度 8 m 及以上，跨度 18 m 及以上、施工荷载 15 kN/m^2 及以上，集中线荷载 20 kN/m 及以上的专项施工方案，必须经专家论证。

8.1.2 模板架料进场时，总包单位应核查有关质量证明材料（生产许可证、产品合格证、质量检验报告），每批次进场的钢管、扣件、顶托，应进行抽样送检，并收存抽样检测报告。

8.1.3 模板作业前，工程项目技术负责人应以书面形式向作业班组进行施工操作的安全技术交底。

8.1.4 从事模板作业的人员，应经安全技术培训。

8.1.5 安装和拆除模板时，操作人员应佩戴安全帽、系安全带、穿防滑鞋。

8.1.6 在高处安装和拆除模板时，周围应设安全网和搭脚手架，并应加设防护栏杆。

8.1.7 模板施工中，应设专人负责检查。安装完毕后，应组织检查验收。

8.1.8 当钢模板高度超过 15 m 时，应设避雷设施，避雷设施的接地电阻不得大于 4 Ω。

8.2 安装和拆除

8.2.1 支模应按规定的作业程序进行，模板未固定前不得进行下一道工序。严禁在连接件和支撑件上攀登上下，并严禁在上下同一垂直面安装、拆卸模板。结构复杂的模板，装、拆应严格按照施工组织设计的措施进行。

8.2.2 支设高度在 3 m 以上的柱模板，四周应设斜撑，并应设立操作平台，低于 3 m 的可用马凳操作。

8.2.3 支设悬挑形式的模板时，应有稳定的立足点。支设临空构筑物模板时，应搭设支架。模板上有预留洞时，应在安装后将洞遮盖牢固。混凝土板上拆模后形成的临边或洞口，应按规定进行防护。

8.2.4 拆模高处作业，应配置登高用具或搭设支架，拆模人员严禁将安全带挂在即将拆除的模板或支撑上。

8.2.5 模板支撑拆除前，混凝土强度必须达到设计要求，并经申报批准后，才能进行。

8.2.6 拆除的钢模作平台底模时，不得一次性将顶撑全部拆除，应分批拆除，然后按顺序拆下隔栅、底模，以免发生钢模在自重荷载下一次性大面积脱落。

8.2.7 拆模时，必须设置警戒区域，并派专人监护。拆模必须拆除干净彻底，不得保留有悬空模板，拆下的模板要及时清理，堆放整齐。

8.3 防护作业

8.3.1 作业面位于孔洞及临边作业时，无可靠防护措施，必须佩带安全带，并设置可靠安全带上挂点。

8.3.2 在支模时，操作人员不得站在支撑杆件上操作，而应适当铺设脚手板，以便操作人员站立。脚手板以采用木质板为宜，并适当绑扎固定，不得用钢模板或 5 cm × 10 cm 的木板。

8.3.3 在模板上运送混凝土，应设置走道板，并要稳妥牢固。

8.3.4 在模板上施工时，堆物（钢模板等）不宜过多，不宜集中堆放，且严禁临边堆放。

8.3.5 支模过程中，如需中途停歇，应将支撑搭头、柱头板钉牢。拆模间歇时，应将已活动的模板、支撑等运走或妥善堆放，防止因踏空、扶空而坠落。

8.3.6 大模板施工时，存放大模板必须要有防倾措施。

9 施工用电

9.1 一般规定

9.1.1 施工现场临时用电应符合《施工现场临时用电安全技术规范》JGJ 46 标准的规定。

9.1.2 建筑施工现场临时用电工程专用的电源中性点直接接地的 220/380V 三相四线制低压电力系统，必须符合下列规定：

1 采用三级配电系统。

2 采用 TN-S 接零保护系统。

3 采用二级漏电保护系统。

9.1.3 施工现场临时用电设备在 5 台及以上或设备总容量在 50 kW 及以上者，应编制用电组织设计；临时用电设备在 5 台以下和设备总容量在 50 kW 以下者,应制定安全用电和电气防火措施。

9.1.4 临时用电组织设计及变更时，必须履行“编制、审核、批准”程序，由电气工程技术人员组织编制，经相关部门审核及具有法人资格企业的技术负责人批准后实施。变更用电组织设计时应补充有关图纸资料。

9.1.5 临时用电工程必须经编制、审核、批准部门和使用单位共同验收，合格后方可投入使用。

9.1.6 电工必须经过国家现行标准考核合格后，持证上岗工作；其他用电人员必须通过相关教育培训和技术交底，考核合格后方可上岗工作。

9.1.7 安装、巡检、维修或拆除临时用电设备和线路，必须由电工完成，并应有人监护。

9.1.8 施工现场临时用电必须建立安全技术档案，并应包括下列内容：

1 用电组织设计的安全资料。

2 修改用电组织设计的资料。

3 用电技术交底资料。

4 用电工程检查验收表。

5 电气设备调试、检验凭单和调试记录。

6 接地电阻、绝缘电阻和漏电保护器漏电动作参数测定记录表。

7 定期检（复）查表。

8 电工安装、巡检、维修、拆除工作记录。

9.1.9 临时用电工程定期检查应按分部、分项工程进行，对安全隐患必须及时处理，并应履行复查验收手续。

9.2 外电防护

9.2.1 在建工程不得在外电架空线路正下方施工、搭设作业棚、建造生活设施或堆放构件、架具、材料及其他杂物等。

9.2.2 在建工程（含脚手架）的周边与外电架空线路的边线之间的最小安全操作距离应符合表9.2.2规定。

表9.2.2 在建工程（含脚手架）的周边与外电架空线路的边线之间的最小安全操作距离

外电线路电压等级/kV	<1	1~10	35~100	220	330~500
最小安全操作距离/m	4.0	6.0	8.0	10	15

注：上、下脚手架的斜道不宜设在有外电线路的一侧。

9.2.3 起重机严禁越过无防护设施的外电架空线路作业。

9.2.4 施工现场开挖沟槽边缘与外电埋地电缆沟槽边缘之间的距离不得小于 0.5 m。

9.2.5 受强电磁辐射的高大建筑机械应采取加强绝缘等电气隔离措施。

9.3 接零与接地保护系统

9.3.1 在施工现场专用变压器的供电的 TN-S 接零保护系统中，电气设备的金属外壳必须与保护零线连接。保护零线应由工作接地线、配电室（总配电箱）电源侧零线或总漏电保护器电源侧零线处引出。

9.3.2 当施工现场与外电线路共用同一供电系统时，电气设备的接地、接零保护应与原系统保护一致。不得一部分设备做保护接零，另一部分设备做保护接地。

9.3.3 在 TN 接零保护系统中，通过总漏电保护器的工作零线与保护零线之间不得再做电气连接。

9.3.4 PE 线所用材质与相线、工作零线（N 线）相同时，其最小截面应符合表 9.3.4 的规定。

表 9.3.4 PE 线最小截面面积

相线芯线截面 S/mm²	PE 线最小截面/mm²
$S \leqslant 16$	S
$16 \leqslant S \leqslant 35$	16
$S > 35$	$S/2$

9.3.5 保护零线必须采用绝缘导线。配电装置和电动机械相连

接的 PE 线应为截面不小于 2.5 mm^2 的绝缘多股铜线。手持式电动工具的 PE 线应为截面不小于 1.5 mm^2 的绝缘多股铜线。

9.3.6 PE 线上严禁装设开关或熔断器，严禁通过工作电流，且严禁断线。

9.3.7 单台容量超过 100 kV·A 或使用同一接地装置并联运行且总容量超过 100 kV·A 的电力变压器或发电机的工作接地电阻值不得大于 4 Ω。

9.3.8 TN 系统中的保护零线除必须在配电室或总配电箱处做重复接地外，还必须在配电系统的中间处和末端处做重复接地。在 TN 系统中，保护零线每一处重复接地装置的接地电阻值不应大于 10 Ω。在工作接地电阻值允许达到 10 Ω的电力系统中，所有重复接地的等效电阻值不应大于 10 Ω。

9.3.9 在 TN 系统中，严禁将单独敷设的工作零线再做重复接地。

9.3.10 每一接地装置的接地线应采用 2 根及以上导体，在不同点与接地体做电气连接。不得采用铝导体做接地体或地下接地线。垂直接地体宜采用角钢、钢管或光面圆钢，不得采用螺纹钢。

9.3.11 做防雷接地机械上的电气设备，所连接的 PE 线必须同时做重复接地，同一台机械电气设备的重复接地和机械的防雷接地可共用同一接地体，但接地电阻应符合重复接地电阻值的要求。

9.4 变配电管理

9.4.1 配电室应靠近电源，并应设在灰尘少、潮气少、振动小、无腐蚀介质、无易燃易爆物及道路畅通的地方。

9.4.2 配电室和控制室应能自然通风，并应采取防止雨雪侵入和动物进入的措施。

9.4.3 配电室布置应符合下列要求：

1 配电柜侧面的维护通道宽度不小于1 m。

2 配电室的顶棚与地面的距离不低于3 m。

3 配电室内的裸母线与地面垂直距离小于2.5 m时，采用遮栏隔离，遮栏下面通道的高度不小于1.9 m。

4 配电装置的上端距顶棚不小于0.5 m。

5 配电室的建筑物和构筑物的耐火等级不低于3级，室内配置砂箱和可用于扑灭电气火灾的灭火器。

6 配电室的门向外开，并配锁。

7 配电室的照明分别设置正常照明和事故照明。

9.4.4 配电柜应装设电源隔离开关及短路、过载、漏电保护电器。电源隔离开关分断时应有明显可见分断点。

9.4.5 配电柜或配电线路停电维修时，应挂接地线，并应悬挂“禁止合闸、有人工作”停电标志牌。停送电必须由专人负责。

9.4.6 配电室应保持整洁，不得堆放任何妨碍操作、维修的杂物。

9.4.7 发电机组及其控制、配电室内必须配置可用于扑灭电气火灾的灭火器，严禁存放贮油桶。

9.4.8 发电机组电源必须与外电线路电源连锁，严禁并列运行。

9.5 配电线路

9.5.1 需要三相四线制配电的电缆线路必须采用五芯电缆。

9.5.2 电缆线路应采用埋地或架空敷设，严禁沿地面明设，并应避免机械损伤和介质腐蚀。埋地电缆路径应设方位标志。

9.5.3 电缆直接埋地敷设的深度不应小于 0.7 m，并应在电缆紧邻上、下、左、右侧均匀敷设不小于 50 mm 厚的细砂，然后覆盖砖或混凝土板等硬质保护层。

9.5.4 埋地电缆在穿越建筑物、构筑物、道路、易受机械损伤、介质腐蚀场所及引出地面从 2.0 m 高到地下 0.2 m 处，必须加设防护套管，防护套管内径不应小于电缆外径的 1.5 倍。

9.5.5 埋地电缆与其附近外电电缆和管沟的平行间距不得小于 2 m，交叉间距不得小于 1 m。

9.5.6 埋地电缆的接头应设在地面上的接线盒内，接线盒应能防水、防尘、防机械损伤，并应远离易燃、易爆、易腐蚀场所。

9.5.7 架空电缆应沿电杆、支架或墙壁敷设，并采用绝缘子固定。架空电缆严禁沿脚手架、树木或其他设施敷设。

9.6 配电箱及开关箱

9.6.1 总配电箱以下可设若干分配电箱；分配电箱以下可设若干开关箱。

9.6.2 每台用电设备必须有各自专用的开关箱，严禁用同一个开关箱直接控制 2 台及 2 台以上用电设备（含插座）。

9.6.3 配电箱、开关箱应布局合理，装设端正牢固。

9.6.4 配电箱的电器安装板上必须分设 N 线端子板和 PE 线端子板。

9.6.5 配电箱、开关箱的金属箱体、金属电器安装板以及电器正常不带电的金属底座、外壳等必须通过 PE 线端子板与 PE 线做电气连接，金属箱门与金属箱必须通过采用编织软铜线做电气连接。

9.6.6 配电箱、开关箱中导线的进线口和出线口应设在箱体的下底面。

9.6.7 总配电箱的电器应具备电源隔离、正常接通与分断电路，以及短路、过载、漏电保护功能。

9.6.8 分配电箱应装设总隔离开关、分路隔离开关以及总断路器、分路断路器或总熔断器、分路熔断器。

9.6.9 开关箱必须装设隔离开关、断路器或熔断器，以及漏电保护器。

9.6.10 开关箱中漏电保护器的额定漏电动作电流不应大于 30 mA，额定漏电动作时间不应大于 0.1 s。

9.6.11 总配电箱中漏电保护器的额定漏电动作电流应大于 30 mA，额定漏电动作时间应大于 0.1 s，但其额定漏电动作电流与额定漏电动作时间的乘积不应大于 30 mA · s。

9.6.12 配电箱、开关箱的电源进线端严禁采用插头和插座做活动连接。

9.6.13 对配电箱、开关箱进行定期维修、检查时，必须将其前一级相应的电源隔离开关分闸断电，并悬挂“禁止合闸、有人工作”停电标志牌，严禁带电作业。

9.6.14 施工现场停止作业 1 h 以上时，应将动力开关箱断电上锁。

9.6.15 配电箱、开关箱内不得放置任何杂物，并应保持整洁。

9.6.16 配电箱、开关箱内不得随意挂接其他用电设备。

9.6.17 对混凝土搅拌机、钢筋加工机械、木工机械、盾构机械等设备进行清理、检查、维修时，必须首先将其开关箱分闸断电，呈现可见电源分断点，并关门上锁。

9.7 现场照明

9.7.1 照明器的选择必须按下列环境条件确定：

1 正常湿度一般场所，选用开启式照明器。

2 潮湿或特别潮湿场所，选用密闭型防水照明器或配有防水灯头的开启式照明器。

3 含有大量尘埃但无爆炸和火灾危险的场所，选用防尘型照明器。

4 有爆炸和火灾危险的场所，按危险场所等级选用防爆型照明器。

9.7.2 下列特殊场所应使用安全特低电压照明器：

1 隧道、人防工程、高温、有导电灰尘、比较潮湿或灯具离地面高度低于 2.5 m 等场所的照明，电源电压不应大于 36 V。

2 潮湿和易触及带电体场所的照明，电源电压不得大于 24 V。

3 特别潮湿场所、导电良好的地面、锅炉或金属容器内的照明，电源电压不得大于 12 V。

9.7.3 使用行灯应符合下列要求：

1 电源电压不大于 36 V。

2 灯体与手柄应坚固、绝缘良好并耐热耐潮湿。

3 灯头与灯体结合牢固，灯头无开关。

4 灯泡外部有金属保护网。

5 金属网、反光罩、悬吊挂钩固定在灯具的绝缘部位上。

9.7.4 照明变压器必须使用双绕组型安全隔离变压器，严禁使用自耦变压器。

9.7.5 照明系统宜使三相负荷平衡，其中每一单相回路上，灯具和插座数量不宜超过 25 个，负荷电流不宜超过 15 A。

9.7.6 照明灯具的金属外壳必须与 PE 线相连接，照明开关箱内必须装设隔离开关、短路与过载保护器和漏电保护器。

9.7.7 室外 220 V 灯具距地面不得低于 3 m，室内 220 V 灯具距地面不得低于 2.5 m。普通灯具与易燃物距离不宜小于 300 mm；聚光灯、碘钨灯等高热灯具与易燃物距离不宜小于 500 mm，且不得直接照射易燃物。

9.7.8 灯具的相线必须经开关控制，不得将相线直接引入灯具。

9.7.9 对夜间影响飞机或车辆通行的在建工程及机械设备，必须设置醒目的红色信号灯，其电源应设在施工现场总电源开关的前侧，并应设置外电线路停止供电时的应急自备电源。

10 机械设备及施工机具

10.1 一般规定

10.1.1 起重机械的安全监督管理应符合《中华人民共和国特种设备安全法》《建筑起重机械安全监督管理规定》和《四川省建筑起重机械安全监督管理规定》等法律、法规的规定。

10.1.2 出租单位的建筑起重机械和使用单位购置、租赁、使用的建筑起重机械应当具有特种设备制造许可证、产品合格证，并已在县级以上地方建设主管部门备案登记。

10.1.3 从事建筑起重机械安装、拆卸活动的单位（以下简称安装单位）应依法取得建设主管部门颁发的相应资质和建筑施工企业安全生产许可证，并在其资质许可范围内承揽建筑起重机械安装、拆卸工程。

安装单位的特种作业人员必须经过专门的安全作业培训，并取得特种作业操作的资格证书后，方可上岗作业。

10.1.4 建筑起重机械租赁单位、安装单位和使用单位应明确各自的安全职责。承租方应向取得相应资质和安全生产许可证的租赁企业承租建筑起重机械，并签订租赁合同，合同中应明确双方的安全生产责任。

实行施工单位总承包的，施工总承包单位应当与安装单位签订建筑起重机械安装、拆卸工程合同和安全生产协议书，并配备机械安全员，持证上岗。

10.1.5 出租单位出租的建筑起重机械必须是完好设备，各种安全装置齐全、有效，并向承租方提交自检合格证明和安装使用说明书。

租赁双方不得出租、使用建设部令166号第七条所列入的建筑起重机械。

10.1.6 安装单位应编制建筑起重机械安装、拆卸工程专项施工方案，并由本单位技术负责人签字和盖公章后报送总包单位和监理单位审核、审批。专项施工方案经审核、审批后方可进行安装、拆卸作业。

安装单位应在安装、拆卸作业前3个工作日内，向工程所在地县级以上地方人民政府建设主管部门办理建筑起重机械安装、拆卸告知手续。

10.1.7 安装单位作业人员进入施工现场后作业前，总包单位应对作业人员进行验证和安全教育，并督促安装单位对其作业人员进行安全技术交底。

安装单位应当按照建筑起重机械安装、拆卸工程专项施工方案及安全操作规程组织安装、拆卸作业，并派专业技术人员，专职安全管理人员进行现场监督。

总包单位应派专职安全管理人员和专业技术人员对安装、拆卸作业进行全过程监控。

监理单位应派专业监理工程师对安装、拆卸作业进行旁站监督。

10.1.8 建筑起重机械安装完毕后，安装单位应当出具安装自检合格证明，并委托具有相应资质的检验检测机构进行检测。

检验检测机构检测合格后，使用单位应当组织出租、安装、监理等有关单位进行验收，经验收合格后方可投入使用。

10.1.9 出租单位应当向使用单位提供建筑起重机械使用说明

书并进行安全使用说明。使用单位应当自建筑起重机械安装验收合格之日起 30 日内，向工程所在地县级以上人民政府建设主管部门办理建筑起重机械使用登记手续。登记标志置于或附着于该设备的显著位置。

10.1.10 使用单位应当对在用的建筑起重机械及其安全保护装置、吊具、索具进行经常性和定期的检查、维护和保养，并做好记录。

建筑起重机械租赁合同对建筑起重机械的检查、维护和保养另有约定的，应遵从其约定。

10.1.11 出租单位自购建筑起重机械的使用单位，应当建立建筑起重机械安全技术档案。

安装单位应当建立建筑起重机械安装、拆卸工程档案。

10.1.12 安装单位、使用单位、施工总承包单位、监理单位应当按照建设部令 166 号的要求履行各自的安全生产职责。

建筑起重机械特种作业人员应当遵守建筑起重机械安全操作规程和安全管理制度，在作业中有权拒绝违章指挥和强令冒险作业，有权在发生危及人身安全的紧急情况时立即停止作业或采取必要的应急措施后撤离危险区域。

10.1.13 提倡建筑起重机械安装视频监控系统。

10.2 塔式起重机

10.2.1 塔式起重机应符合现行国家标准《塔式起重机安全规程》GB 5144 及《塔式起重机》GB/T 5031 的相关规定。

塔式起重机安装、使用、拆卸应符合现行行业标准《建筑施工塔式起重机安装、使用、拆卸安全技术规程》JGJ 196 及《建筑机械使用安全技术规程》JGJ 33 的相关规定。

10.2.2 安拆、验收与使用

1 安装、拆卸单位应具有起重设备安装工程专业承包资质和安全生产许可证。

2 确定塔式起重机的安装位置应考虑塔式起重机能否按产品使用说明书的拆卸方法正常拆卸，如不能正常拆卸，应有特殊拆卸的方法，并在方案中加以说明。

3 安装、拆卸应制订专项施工方案，并经过审核、审批。

4 安装、拆卸作业人员不得少于 8 人，其中安装拆卸工 4 人，信号、司索工 2 人，塔吊司机 1 人，电工 1 人。

5 顶升过程中，每顶升完一节后，应将标准节与回转下支座可靠连接后，才能吊运另一标准节。

6 安装、拆卸作业人员及司机、指挥应持证上岗。

7 安装完毕应履行验收程序，验收表格应由责任人签字确认；安装单位自检合格后，应经有相应资质的检验检测机构监督检验合格后，方可使用。

8 塔式起重机机组人员配备应相对固定，每班 3 人，其中指挥工 2 名，双班作业每台机组应配备 6 人。

9 塔式起重机作业前应按规定进行例行检查，并应填写检查记录。

10 实行多班作业时，应按规定填写交接班记录。

11 自升式塔式起重机每降一节标准节，应将回转下支座与塔身标准节可靠连接后，才能吊运拆出的标准节。

10.2.3 多塔作业

1 多塔作业应制订防碰撞的专项方案并经过审批。

2 任意两台塔式起重机之间的最小架设距离应符合下列规定：

1）低位塔式起重机的起重臂端部与另一台塔式起重机的塔身之间的距离不得小于 2 m；

2）高位塔式起重机的最低位置部件（吊钩升至最高点或平衡重的最低部位）与低位塔式起重机的最高位置部件之间的垂直距离不得小于 2 m。

10.2.4 基础与轨道

1 塔式起重机基础应按国家现行标准和产品说明书所规定的要求进行设计、施工、检测和验收。

2 基础应设置排水措施。

3 板式基础应进行抗倾覆稳定性和地基承载力验算。

4 预埋螺栓应冒出锁紧螺帽 2～3 倍螺距。

5 路基箱或枕木铺设应符合产品说明书及规范要求。

6 轨道铺设应符合产品说明书及规范要求。

10.2.5 结构设施

1 主要结构件的变形、锈蚀应在规范允许范围内。

2 平台、走道、梯子、护栏的设置应符合规范要求。

3 高强螺栓、销轴、紧固件的紧固、连接应符合规范要求，高强螺栓应使用力矩扳手或专用工具紧固。

4 禁止擅自在塔式起重机上安装非原制造厂制造的标准节。

10.2.6 附着

1 当塔式起重机高度超过产品说明书规定时，应安装附着装置，附着装置安装应符合产品说明书及规范要求。

2 当附着装置的水平距离不能满足产品说明书要求时，应进行设计计算和审批。

3 安装内爬式塔式起重机的建筑承载结构应进行受力计算。

4 附着前塔身垂直度不应大于 4/1 000，附着后塔身垂直度不应大于 2/1 000。

5 附着装置的构件和预埋件应由原制造厂家或具有相应能力的企业制作。

10.2.7 荷载限制装置

1 应安装起重量限制器并应灵敏可靠。当起重量大于相应挡位的额定值并小于该额定值的 110%时，应切断上升方向上的电源，但机构可作下降方向的运动。

2 应安装起重力矩限制器并应灵敏可靠。当起重力矩大于相应工况下的额定值并小于该额定值的 110%时，应切断上升和幅度增大方向的电源，但机构可作下降和减小幅度方向的运动。

3 塔式起重机的力矩限制器应不超过 3 个月进行一次检测，检测应吊标准重量进行测试。

10.2.8 行程限位装置

1 应安装起升高度限位器，起升高度限位器的安全越程应符合规范要求，并应灵敏可靠。

2 小车变幅的塔式起重机应安装小车行程开关，动臂变幅的塔式起重机应安装臂架幅度限制开关，并应灵敏可靠。

3 回转部分不设集电器的塔式起重机应安装回转限位器，并应灵敏可靠。

4 行走式塔式起重机应安装行走限位器，并应灵敏可靠。

10.2.9 保护装置

1 小车变幅的塔式起重机应安装断绳保护及断轴保护装

置，并应符合规范要求。

2 行车及小车变幅的轨道行程末端应安装缓冲器及止挡装置，并应符合规范要求。

3 起重臂根部绞点高度大于 50 m 的塔式起重机应安装风速仪，并应灵敏可靠。

4 当塔式起重机顶部高度大于 30 m 且高于周围建筑物时，应安装障碍指示灯。

10.2.10 吊钩、滑轮、卷筒与钢丝绳

1 吊钩应安装钢丝绳防脱钩装置并应完整可靠，吊钩的磨损、变形应在规定允许范围内。

2 滑轮、卷筒应安装钢丝绳防脱装置并应完整可靠，滑轮、卷筒的磨损应在规定允许范围内。

3 钢丝绳的磨损、变形、锈蚀应在规定允许范围内，钢丝绳的规格、固定、缠绕应符合说明书及规范要求；钢丝绳固定在卷筒上的安全圈数不应少于 3 圈。

10.2.11 电气安全

1 塔式起重机应采用 TN-S 接零保护系统供电。

2 塔式起重机与架空线路的安全距离和防护措施应符合规范要求。

3 塔式起重机应安装避雷接地装置，并应符合规范要求。

4 电缆的使用及固定应符合规范要求。

10.2.12 塔式起重机的使用年限不得超过以下规定：

1 公称起重力矩 630 kN · m 及以下（含 630 kN · m）级别的塔式起重机，需进行安全性鉴定的年限不得超过 8 年，使用年

限为 10 年。

2 公称起重力矩 630 ~ 1 250 kN · m（含 1 250 kN · m）级别的塔式起重机，需进行安全性鉴定的年限不得超过 10 年，使用年限为 15 年。

3 公称起重力矩 1 250 ~ 2 500 kN · m（含 2 500 kN · m）级别的塔式起重机，需进行安全性鉴定的年限不得超过 12 年，使用年限为 18 年。

4 公称起重力矩大于 2 500 kN · m 级别的塔式起重机，需进行安全性鉴定的年限为 14 年，使用年限不得超过 20 年。

10.3 施工升降机

10. 3. 1 施工升降机应符合现行国家标准《施工升降机安全规程》GB 10055 以及《吊笼有垂直导向的人货两用施工升降机》GB 26557 的规定。施工升降机的安装、使用、拆卸应符合现行行业标准《建筑施工升降机安装、使用、拆卸安全技术规程》JGJ 215 以及《建筑机械使用安全技术规程》JGJ 33 的规定。

10. 3. 2 安拆、验收与使用

1 安装、拆卸单位应具有起重设备安装工程专业承包资质和安全生产许可证。

2 安装、拆卸应制订专项施工方案，并经过审核、审批。

3 安装、拆卸作业人员及司机应持证上岗。

4 安装作业时必须将按钮盒或操作盒移至吊笼顶部操作，当导轨架或附墙架上有人作业时，严禁开动施工升降机。

5　安装完毕应履行验收程序，验收表格应由责任人签字确认；安装单位自检合格后，应经有相应资质的检验检测机构监督检验合格后，方可使用。

6　施工升降机吊笼与吊杆不得同时使用。吊笼顶部应装设安全开关，当人员在吊笼顶部作业时，安全开关应处于吊笼不能启动的断路状态。

7　凡新安装的施工升降机，应进行额定荷载下的坠落试验。正在使用的施工升降机，按说明书规定的时间（至少每 3 个月）进行一次额定荷载的坠落试验。

8　施工升降机作业前应按规定进行例行检查，并应填写检查记录。

9　严禁在施工升降机运行中进行保养、维修作业。

10　实行多班作业，应按规定填写交接班记录。

11　司机离机前，必须将吊笼降到底层，并切断电源锁好电箱。

10.3.3　基础

1　基础制作、验收应符合说明书及规范要求。

2　基础设置在地下室顶板或楼面结构上，应对其支承结构进行承载力验算。

3　基础应设有排水设施。

10.3.4　防护设施

1　吊笼和对重升降通道周围应安装地面防护围栏，防护围栏的安装高度不应低于 1.5 m、强度应符合规范要求，围栏门应安装机电联锁装置并应灵敏可靠。

2　地面出入通道防护棚的搭设应符合规范要求。

3 停层平台两侧应设置防护栏杆、挡脚板，平台脚手板应铺满、铺平。

4 层门安装高度不应低于 1.8 m、强度应符合规范要求，层门的净宽度与吊笼进出口宽度之差不得大于 120 mm，宜采用定型化、工具化楼层防护门。

5 吊笼离开停层站 250 mm 距离后层门不能开启。

10.3.5 导轨架

1 导轨架垂直度应符合规范要求。

2 标准节的质量应符合产品说明书及规范要求。

3 对重导轨应符合规范要求。

4 标准节使用的连接螺栓使用应符合产品说明书及规范要求，连接螺栓应冒出锁紧螺帽 2～3 倍螺距。

5 施工升降机安装完运行 3 个台班后，应对地脚螺栓、标准节连接螺栓、附着连接件的紧固进行二次检查紧固，并复查标准节的垂直度。

10.3.6 附墙架

1 附墙架应采用配套标准产品，当附墙架不能满足施工现场要求时，应对附墙架另行设计，附墙架的设计应满足构件刚度、强度、稳定性等要求，制作应满足设计要求。

2 附墙架与建筑结构连接方式、角度应符合产品说明书要求。

3 附墙架间距、最高附着点以上导轨架的自由高度应符合产品说明书要求。

4 施工升降机运动部件与建筑物和固定施工机具（如脚手架等）之间的距离不得小于 0.25 m。全行程不得有危害安全运行的障碍物。

10.3.7 安全装置

1 应安装起重量限制器，并应灵敏可靠。

2 应安装渐进式防坠安全器并应灵敏可靠，应在有效的标定期内使用。

3 对重钢丝绳应安装防松绳装置，并应灵敏可靠。

4 吊笼的控制装置应安装非自动复位型的急停开关，任何时候均可切断控制电路停止吊笼运行。

5 底架应安装吊笼和对重缓冲器，缓冲器应符合规范要求。

6 SC 型施工升降机应安装一对以上安全钩。

7 应安装防冲顶装置，防冲顶保护装置固定在吊笼或驱动装置的顶部，当驱动装置驱动吊笼作上下正常运行时，防冲顶保护装置的接近开关始终在高空作业平台吊笼或驱动装置的最高处。

8 施工升降机每个吊笼上应安装渐进式防坠安全器，不允许采用瞬时安全器。现行行业标准规定：防坠安全器只能在有效的标定期限内使用，有效标定期限不应超过一年。防坠安全器无论使用与否，在有效检验期满后都必须重新进行检验标定。施工升降机防坠安全器的寿命为 5 年。

10.3.8 限位装置

1 应安装非自动复位型极限开关并应灵敏可靠。

2 应安装自动复位型上、下限位开关并应灵敏可靠，上、下限位开关安装位置应符合规范要求。

3 上极限开关与上限位开关之间的安全越程应符合规范要求。

4 极限开关、限位开关应设置独立的触发元件。

5 吊笼门应安装机电联锁装置并应灵敏可靠。

6　吊笼顶窗应安装电气安全开关并应灵敏可靠。

10.3.9　钢丝绳、滑轮与对重

1　对重钢丝绳绳数不得少于2根且应相互独立。

2　钢丝绳磨损、变形、锈蚀应在规范允许范围内。

3　钢丝绳的规格、固定应符合产品说明书及规范要求。

4　滑轮应安装钢丝绳防脱装置并应符合规范要求。

5　对重重量、固定应符合产品说明书要求。

6　对重除导向轮或滑靴外应设有防脱轨保护装置。

10.3.10　电气安全

1　施工升降机与架空线路的安全距离和防护措施应符合规范要求。

2　电缆导向架的设置应符合说明书及规范要求。

3　施工升降机的升降机构、电机和电气设备的金属外壳应保护接零。

4　施工升降机在其他避雷装置保护范围外应设置避雷装置，并应符合规范要求。

10.3.11　通信装置

施工升降机应安装楼层信号联络装置，并应清晰有效。

10.3.12　施工升降机的使用年限规定如下：

1　SC型施工升降机使用年限不得超过8年。

2　SS型施工升降机使用年限不得超过5年。

10.4　物料提升机

10.4.1　物料提升机应符合现行行业标准《龙门架机物料提升安

全技术规范》JGJ 88 及《建筑机械使用安全技术规程》JGJ 33 的规定。

10.4.2 物料提升机应有标牌，标明额定起重量、最大提升高度及制造单位、制造日期。

10.4.3 安拆、验收与使用

1 安装、拆卸单位应具有起重设备安装工程专业承包资质和安全生产许可证。

2 安装、拆卸作业应制订专项施工方案，并应按规定进行审核、审批。

3 安装完毕应履行验收程序，验收表格应由责任人签字确认。

4 安装、拆卸作业人员及司机应持证上岗。

5 物料提升机作业前应按规定进行例行检查，并应填写检查记录。

6 物料提升机运行时，物料在吊篮内应均匀分配，不得超载运行或物料超出吊篮外运行。

7 严禁人员攀登物料提升机或乘其吊篮上下，吊篮下方不得有人员停留或通过。

8 物料提升机司机下班或司机暂时离机，必须将吊篮降至地面，并切断电源，锁好电箱。

9 实行多班作业时，应按规定填写交接班记录。

10.4.4 基础与导轨架

1 基础的承载力和平整度应符合规范要求。

2 基础周边应设置排水设施。

3 导轨架垂直度偏差不应大于导轨架高度 0.15%。

4 井架停层平台通道处的结构应采取加强措施。

10.4.5 附墙架与缆风绳

1 附墙架结构、材质、间距应符合产品说明书要求。

2 附墙架与物料提升机架体之间及建筑物之间应采用刚性连接；附墙架及架体不得与脚手架连接。

3 缆风绳设置的数量、位置、角度应符合规范要求，并应与地锚可靠连接。

1）当提升机无法用附墙架时，应采用缆风绳稳固架体。

2）缆风绳安全系数应选用3.5，并应经计算确定，直径不应小于9.30 mm。提升机高度在20 m及以下时，缆风绳不应少于1组；提升机高度在21～30 m时，缆风绳不应少于2组。

3）缆风绳与地面夹角不应大于60°。

4）高架提升机不应使用缆风绳。

4 安装高度超过30 m的物料提升机必须使用刚性附墙架。

5 地锚设置应符合规范要求。

10.4.6 动力与传动

1 卷扬机曳引机应安装牢固，当卷扬机卷筒与导轨底部导向轮的距离小于20倍卷筒宽度时，应设置排绳器。

2 钢丝绳应在卷筒上排列整齐。

3 滑轮与导轨架、吊笼应采用刚性连接，并应与钢丝绳相匹配。

4 卷筒、滑轮应设置防止钢丝绳脱出装置。

5 当曳引钢丝绳为2根及以上时，应设置曳引力平衡装置。

10.4.7 卷扬机操作棚

1 应按规范要求设置卷扬机操作棚。

2 卷扬机操作棚应设置在司机能正常观察吊篮运行的位置。

3 卷扬机操作棚强度、操作空间应符合规范要求。

4 严禁使用倒顺开关作为物料提升机卷扬机的控制开关。

10.4.8 钢丝绳

1 钢丝绳磨损、断丝、变形、锈蚀量应在规范允许范围内。

2 钢丝绳夹设置应符合规范要求。

3 当吊笼处于最低位置时，卷筒上钢丝绳严禁少于3圈。

4 钢丝绳应设置过路保护措施。

10.4.9 防护设施

1 应在地面进料口安装防护围栏和防护棚，防护围栏、防护棚的安装高度和强度应符合规范要求。

2 进料口的防护门应为升降式自动开启和关闭门，当吊篮下降至进料口时门自动打开，当吊篮起升时门自动关闭。

3 停层平台两侧应设置防护栏杆、挡脚板，平台脚手板应铺满、铺平。

4 平台门、吊笼门安装高度、强度应符合规范要求，并应定型化。

10.4.10 安全装置

1 应安装起重量限制器、防坠安全器，并应灵敏可靠。

2 安全停层装置应符合规范要求，并应定型化。

3 应安装上行程限位并灵敏可靠，安全越程不应小于3 m。

4 安装高度超过30 m的物料提升机应安装渐进式防坠安全器及自动停层、语音影像信号监控装置。

10.4.11 避雷装置

1 当物料提升机未在其他防雷保护范围内时，应设置避雷装置。

2 避雷装置设置应符合现行行业标准《施工现场临时用电安全技术规范》JGJ 46的规定。

10.4.12 通信装置

1 应按规范要求设置通信装置。

2 通信装置应具有语音和影像显示功能。

3 司机应能与每一站对讲联系。

10.5 吊 篮

10.5.1 施工现场所使用的吊篮应符合《高处作业吊篮》GB 19155的规定。

10.5.2 施工方案

1 吊篮安装、拆除作业应编制专项施工方案，悬挂吊篮的支撑结构承载力应经过验算。

2 专项施工方案应按规定进行审批。

10.5.3 安全装置

1 吊篮应安装防坠安全锁，并应灵敏有效。

2 防坠安全锁不应超过标定期限。

3 吊篮应设置作业人员专用的挂设安全带的安全绳或安全锁扣，安全绳应固定在建筑物可靠位置上并不得与吊篮上的任何部位有链接。

4 吊篮应安装上限位装置，并应保证限位装置灵敏可靠。

10.5.4 悬挂机构

1 悬挂机构前支架严禁支撑在女儿墙上、女儿墙外或建筑物外挑檐边缘。

2 悬挂机构前梁外伸长度应符合产品说明书规定。

3 前支架应与支撑面垂直且脚轮不应受力。

4 前支架调节杆应固定在上支架与悬挑梁连接的结点处。

5 严禁使用破损的配重件或其他替代物。

6 配重件的重量应符合产品说明书规定。

10.5.5 钢丝绳

1 钢丝绳磨损、断丝、变形、锈蚀应在允许范围内。

2 安全绳应单独设置，型号规格应与工作钢丝绳一致。

3 吊篮运行时安全绳应张紧悬垂。

4 利用吊篮进行电焊作业应对钢丝绳采取保护措施。

10.5.6 安装

1 吊篮应使用经检测合格的提升机。

2 吊篮平台的组装长度应符合产品说明书要求。

3 吊篮所用的构配件应是同一厂家的产品。

10.5.7 升降操作

1 必须由经过培训合格的人员操作吊篮升降。

2 吊篮内的作业人员不应超过2人。

3 吊篮内作业人员应将安全带使用安全锁扣正确挂置在独立设置的专用安全绳上。

4 吊篮正常工作时，人员应从地面进入吊篮内。

10.5.8 交底与验收

1 吊篮安装完毕，应按规范要求进行验收，验收表应由责任人签字确认。

2 每天班前、班后应对吊篮进行检查。

3 吊篮安装、使用前对作业人员进行安全技术交底。

10.5.9 安全防护

1 吊篮平台周边的防护栏杆、挡脚板的设置应符合规范要求。

2 多层吊篮作业时应设置顶部防护板。

10.5.10 吊篮稳定

1 吊篮作业时应采取防止摆动的措施。

2 吊篮与作业面距离应在规定要求范围内。

10.5.11 荷载

1 吊篮施工荷载应满足设计要求。

2 吊篮施工荷载应均匀分布。

3 严禁利用吊篮作为垂直运输设备。

10.6 施工机具

10.6.1 施工机具安全使用应符合现行行业标准《建筑机械使用安全技术规程》JGJ 33 和《施工现场机械设备检查技术规程》JGJ160 的规定。

10.6.2 平刨

1 平刨安装完毕应按规定履行验收程序，并应经责任人签字确认。

2 平刨应设置护手及防护罩等安全装置。

3 保护零线应单独设置，并应安装漏电保护装置。

4 平刨应设置在具有防雨、防晒等功能的作业棚内，并设有消防设施。

5 严禁使用同台电机驱动多种刃具、钻具的多功能木工机具。

6 当被刨木料的厚度小于 30 mm，或长度小于 400 mm 时，应采用压板或推棍推进。厚度小于 15 mm，或长度小于 250 mm 的木料，不得在平刨上加工。

10.6.3 圆盘锯

1 圆盘锯安装完毕应按规定履行验收程序，并应经责任人签字确认。

2 圆盘锯应设置防护罩、分料器、防护挡板等安全装置。

3 保护零线应单独设置，并应安装漏电保护装置。

4 圆盘锯应设置在具有防雨、防晒等功能的作业棚内，并设有消防设施。

5 不得使用同台电机驱动多种刃具、钻具的多功能木工机具。

6 锯片不得有裂纹，不得有连续 2 个及以上缺齿。

7 被锯木料的长度不应小于 500 mm。作业时，锯片应露出木料 10 ~ 20 mm。

8 作业时，操作人员应戴防护眼镜。

10.6.4 手持电动工具

1 Ⅰ类手持电动工具应单独设置保护零线，并应安装漏电保护装置。

2 使用Ⅰ类手持电动工具应按规定穿戴绝缘手套、绝缘鞋。

3 手持电动工具的电源线应保持出厂状态，不得接长使用。

10.6.5 钢筋机械

1 钢筋机械安装完毕应按规定履行验收程序，并应经责任人签字确认。

2 钢筋机械应保护接零，并应安装漏电保护装置。

3 钢筋加工区应搭设作业棚，并应具有防雨、防晒等功能。

4 对焊机作业应设置防火花飞溅的隔热设施。

5 钢筋冷拉作业应按规定设置防护栏。

6 机械传动部位应设置防护罩。

7 钢筋调直机开动后，人员应在两侧各 1.5 m 以外。

8 钢筋切断机切钢筋，料最短不得小于 1 m。

9 钢筋弯曲机操作时，手与插头的距离不得小于 200 mm。

10.6.6 电焊机

1 电焊机安装完毕应按规定履行验收程序，并应经责任人签字确认。

2 保护零线应单独设置，并应安装漏电保护装置。

3 电焊机应设置二次空载降压保护装置。

4 电焊机一次线长度不得超过 5 m，并应穿管保护。

5 二次线应采用防水橡皮护套铜芯软电缆，电缆长度不应大于 30 m，不得采用金属构件或结构钢筋代替二次线的地线。

6 电焊机应设置防雨罩，接线柱应设置防护罩。

7 使用电焊机械焊接时必须穿戴防护用品。严禁露天冒雨从事电焊作业。

10.6.7 搅拌机

1 搅拌机安装完毕应按规定履行验收程序，并应经责任人签字确认。

2 保护零线应单独设置，并应安装漏电保护装置。

3 离合器、制动器应灵敏有效，料斗钢丝绳的磨损、锈蚀、变形量应在规定允许范围内。

4 料斗应设置安全挂钩或止挡装置，传动部位应设置防护罩。

5 搅拌机应按规定设置作业棚，并应具有防雨、防晒等功能。

6 料斗提升时，严禁人员在料斗下停留、工作或通过；当需在料斗下方进行清理或检修时，应将料斗提升至上止点，并必须用保险销锁牢或用保险链挂牢。

7 搅拌机运转时，不得进行维修、清理工作；当作业人员需进入搅拌筒内作业时，应先切断电源，锁好开关箱，悬挂“禁止合闸，有人检修” 的警示牌，并派专人监护。

8 作业完毕，应将料斗降到最低位置，并切断电源。

10.6.8　混凝土输送泵

1　混凝土泵应安放在平整、坚实的地面上，周围不得有障碍物，支腿应支设牢靠，机身应保持水平和稳定，轮胎应楔紧。

2　混凝土输送管道的敷设应符合下列规定：

1）管道敷设前应检查并确认管壁的磨损量，应符合使用说明书要求，管道不得有裂纹、砂眼等缺陷。新管或磨损量较小的管道应敷设在泵出口处。

2）管道应使用支架或与建筑结构固定牢固。泵出口处的管道底部应依据泵送高度、混凝土排量等设置独立的基础，并能承受相应荷载。

3）敷设垂直向上的管道时，垂直管不得直接与泵的输出口连接，应在泵与垂直管之间敷设长度不小于 15 m 的水平管，并加装逆止阀。

4）敷设向下倾斜的管道时，应在泵与斜管之间敷设长度不小于 5 倍落差的水平管。当倾斜度大于 7° 时，应加装排气阀。

3　作业前应检查确认管道连接处管卡扣牢，不得泄漏。混凝土泵的安全防护装置应齐全可靠，各部位操纵开关、手柄等位置应正确，搅拌斗防护网应完好牢固。

4　砂石粒径、水泥强度等级及配合比应符合出厂规定，并应满足混凝土泵的泵送要求。

5　混凝土泵启动后，应空载运转，观察各仪表的指示值，检查泵和搅拌装置的运转情况，并确认一切正常后作业。泵送前应向料斗加入清水和水泥砂浆润滑泵及管道。

6　混凝土泵在开始或停止泵送混凝土前，作业人员应与出料软管保持安全距离，作业人员不得在出料口下方停留。出料软管不得埋在混凝土中。

7 泵送混凝土的排量、浇注顺序应符合混凝土浇筑施工方案的要求。施工荷载应控制在允许范围内。

8 混凝土泵工作时，料斗中混凝土应保持在搅拌轴线以上，不应吸空或无料泵送。

9 混凝土泵工作时，不得进行维修作业。

10 混凝土泵作业中，应对泵送设备和管路进行观察，发现隐患应及时处理。对磨损超过规定的管子、卡箍、密封圈等应及时更换。

11 混凝土泵作业后应将料斗和管道内的混凝土全部排出，并对泵、料斗、管道进行清洗。清洗作业应按说明书要求进行。不宜采用压缩空气进行清洗。

10.6.9 混凝土布料机

1 设置混凝土布料机前，应确认现场有足够的作业空间，混凝土布料机任一部位与其他设备及构筑物的安全距离不应小于 0.6 m。

2 混凝土布料机的支撑面应平整坚实。固定式混凝土布料机的支撑应符合使用说明书的要求，支撑结构应经设计计算，并应采取相应加固措施。

3 手动式混凝土布料机应有可靠的防倾覆措施。

4 混凝土布料机作业前应重点检查下列项目，并应符合相应要求：

1）支腿应打开垫实，并应锁紧；

2）塔架的垂直度应符合使用说明书要求；

3）配重块应与臂架安装长度匹配；

4）臂架回转机构润滑应充足，转动应灵活；

5）机动混凝土布料机的动力装置、传动装置、安全及制动装置应符合要求；

6）混凝土输送管道应连接牢固。

5 手动混凝土布料机回转速度应缓慢均匀，牵引绳长度应满足安全距离的要求。

6 输送管出料口与混凝土浇筑面宜保持 1 m 的距离，不得被混凝土掩埋。

7 人员不得在臂架下方停留。

8 当风速达到 10.8 m/s 及以上或大雨、大雾等恶劣天气时应停止作业。

10.6.10 振捣器的安全应符合下列要求

1 振捣器作业时应使用移动配电箱、电缆线长度不应超过 30 m。

2 保护零线应单独设置，并应安装漏电保护装置。

3 操作人员应按规定穿戴绝缘手套、绝缘鞋。

4 插入式振捣器作业时应将振捣棒垂直插入混凝土，深度不宜超过 600 mm。

5 在检修或作业间断时， 应切断电源。

6 作业完毕，应切断电源，并将振捣器清理干净。

10.6.11 潜水泵

1 保护零线应单独设置，并应安装漏电保护装置。

2 负荷线应采用专用防水橡皮电缆，不得有接头。

10.6.12 高压冲洗设备

1 高压冲洗设备必须单独设置专用的开关箱。

2 开关箱必须装设隔离开关、断路器或熔断器，以及漏电保护器。当漏电保护器是同时具有短路、过载、漏电保护功能的漏电断路器时，可不装设断路或熔断器。

3 漏电保护器应采用防溅型产品，其额定漏电动作电流不应大于 15 mA，额定漏电动作时间不应大于 0.1 s。

4 高压冲洗设备的金属外壳及支架应做保护接零。

5 连接高压冲洗设备的保护零线应做重复接地。

6 操作人员应按规定穿戴防水绝缘手套、绝缘鞋。

11 施工现场消防

11.1 一般规定

11.1.1 施工单位应针对施工现场可能导致火灾发生的施工作业及其他活动，制定消防安全管理制度、编制施工现场防火技术方案以及施工现场灭火及应急疏散预案。

11.1.2 施工单位应根据建设项目规模、现场消防安全管理的重点，在施工现场建立消防安全管理组织机构及义务消防组织，并应确定消防安全负责人和消防安全管理人员，同时应落实相关人员的消防安全管理责任。

11.1.3 施工现场应在醒目位置设置消防平面布置图，明确逃生路线。

11.1.4 施工人员进场时，施工现场的消防安全管理人员应向施工人员进行消防安全教育和培训。

11.1.5 施工作业前，施工现场的施工管理人员应向作业人员进行消防安全技术交底。

11.1.6 施工过程中，施工现场的消防安全负责人应定期组织消防安全管理人员对施工现场的消防安全进行检查。

11.1.7 施工单位应依据灭火及应急疏散预案，定期开展灭火及应急疏散的演练。

11.1.8 施工单位应做好并保存施工现场消防安全管理的相关文件和记录，并应建立现场消防安全管理档案。

11.1.9 施工现场应设置临时消防车道，临时消防车道与在建工程、临时用房、可燃材料堆场及其加工厂的距离不宜小于 5 m，且不宜大于 40 m，并保证临时消防车道的畅通，禁止在临时消防车道上堆物、堆料或挤占临时消防车道。施工现场周边道路满足消防车通行及灭火救援要求时，施工现场内可不设置临时消防车道。

11.1.10 高层建筑外脚手架、既有建筑外墙改造时其外脚手架、临时疏散通道的安全防护网均应采用阻燃性安全防护网。

11.1.11 施工现场应建立健全动火管理制度。施工动火作业时，必须履行动火审批手续，领取动火证后，方可在指定时间、指定地点动火作业。作业时应配备专人监护，作业后必须确认无火源危险后方可离开作业地点。

11.1.12 施工现场作业场所应设置明显的疏散指示标志，其指示方向应指向最近的临时疏散通道入口；作业层的醒目位置应设置安全疏散示意图。

11.1.13 施工现场严禁吸烟。

11.2 施工现场消防设施的配置

11.2.1 灭火器材配备的位置和数量等均应符合下列要求：

1 一般临建设施区，每 100 m^2 配备 2 个 10 L 灭火器，大型临建设施总面积超过 1 200 m^2 的，应备有专供消防用的太平桶、积水桶、黄砂池、铁锹等器材，上述设施周围不得堆放其他物品。

2 临时木工房、钢筋房等每 25 m^2 应配置一个种类合适的灭火器，油库、危险品仓库等应配备足够数量、种类的灭火器。

3 仓库或堆料场内，应根据灭火对象的特性，分组布置酸碱、泡沫、二氧化碳等灭火器，每组灭火器不应少于 4 个，每组灭火器之间的距离不应大于 30 m。

11. 2. 2 临时消防设施应与在建工程的施工同步设置。房屋建筑工程中，临时消防设施的设置与在建工程主体结构施工进度的差距不应超过 3 层。

11. 2. 3 在建工程可利用已具备使用条件的永久性消防设施作为临时消防设施。当永久性消防设施无法满足使用要求时，应增设临时消防设施，并应符合《建设工程施工现场消防安全技术规范》GB 50720 的有关规定。

11. 2. 4 施工现场的消防栓泵应采用专用消防配电线路。专用消防配电线路应自施工现场总配电箱的总断路器上端接入，且应保持不间断供电。

11. 2. 5 临时用房建筑面积之和大于 1 000 m^2 或在建工程单体体积大于 10 000 m^3 时，应设置临时室外消防给水系统。当施工现场处于市政消火栓 150 m 保护范围内，且市政消火栓的数量满足室外消防用水量要求时，可不设置临时室外消防给水系统。建筑高度大于 24 m 或单体体积超过 30 000 m^3 的在建工程，应设置临时室内消防给水系统。临时消防给水系统的贮水池、消防栓泵、室内消防竖管及水泵接合器等应设置醒目标识。

11. 2. 6 施工现场应设置独立的消防给水系统，临时室内消防竖管的管径不应小于 DN100。

11. 2. 7 施工现场应急照明应符合下列要求：

1 临时消防应急照明灯具宜选用自备电源的应急照明灯具，自备电源的连续供电时间不小于 60 min。

2 作业场所应急照明照度不应低于正常工作所需照度的 90%，疏散通道的照度值不应小于 0.5 lx。

11.3 施工现场电气设施防火

11.3.1 建筑工程施工现场的一切电气线路、设备应当由持有上岗操作证的电工安装、维修，并严格执行《建筑工程施工现场供电安全规范》GB 50194 和《施工现场临时用电安全技术规范》JGJ 46 的规范要求。

11.3.2 施工现场动力线与照明电源线应分路或分开设置，并配备相应功率的保险装置，严禁乱接乱拉电气线路。

11.3.3 室内、外电线架设应有瓷管或瓷瓶与其他物体隔离，室内电线敷设在可燃物、金属物上时，应套防火绝缘线管。

11.3.4 电气线路应具有相应的绝缘强度和机械强度，严禁使用绝缘老化或失去绝缘性能的电气线路，严禁在电气线路上悬挂物品。破损、烧焦的插座、插头应及时更换。电气设备与可燃、易燃易爆危险品和腐蚀性物品应保持一定的安全距离。

11.3.5 普通灯具与易燃物的距离不宜小于 300 mm，聚光灯、碘钨灯等高热灯具与易燃物的距离不宜小于 500 mm。

11.3.6 应定期对电气设备和线路的运行及维护情况进行检查。

11.4 施工现场用气管理

11.4.1 储装气体的罐瓶及其附件应合格、完好和有效；严禁使用减压器及其他附件缺损的氧气瓶，严禁使用乙炔专用减压器、回火防止器及其他附件缺损的乙炔瓶。

11.4.2 气瓶应远离火源，与火源的距离不应小于 10 m，并应采取避免高温和防止暴晒的措施。燃气储装瓶罐应设置防静电装置。

11.4.3 气瓶应分类储存，库房内应通风良好；空瓶和实瓶同库存放时，应分开放置，空瓶和实瓶的间距不应小于 1.5 m。

11.4.4 冬季使用气瓶，气瓶的瓶阀、减压器等发生冻结时，严禁用火烘烤或用铁器敲击瓶阀，严禁猛拧减压器的调节螺丝。

11.4.5 氧气瓶与乙炔瓶的工作间距不应小于 5 m；氧气瓶内剩余气体的压力不应小于 0.1 MPa。

11.5 可燃物及易燃、易爆危险品管理

11.5.1 易燃易爆危险品库房与在建工程的防火间距不应小于 15 m，可燃材料堆场及其加工厂、固定动火作业场与在建工程的防火间距不应小于 10 m，其他临时用房、临时设施与在建工程的防火间距不应小于 6 m。

11.5.2 用于在建工程的保温、防水、装饰及防腐等材料的燃烧性能等级应符合设计要求。

11.5.3 可燃材料及易燃易爆危险品应按计划限量进场。进场后，可燃材料宜存放于库房内，露天存放时，应分类成垛存放，垛高不应超过 2 m，单垛体积不应超过 50 m³，垛与垛之间的最小间距不应小于 2 m，且应采用不燃或难燃材料覆盖；易燃易爆危险品应分类专库储存，库房内应通风良好，并应设置严禁明火标志。

11.5.4 室内使用油漆及其有机溶剂、乙二胺、冷底子油等易挥发产生易燃气体的物资作业时，应保持良好通风，作业场所严禁明火，并应避免产生静电。

11.5.5 焊接、切割、烘烤或加热等动火作业前，应对作业现场的可燃物进行清理；作业现场及其附近无法移走的可燃物应采用不燃材料对其覆盖或隔离。

11.5.6 五级（含五级）以上风力时，应停止焊接、切割等室外动火作业；确需动火作业时，应采取可靠的挡风措施。

11.5.7 施工产生的可燃、易燃建筑垃圾或余料，应及时清理。

11.6 施工楼层消防

11.6.1 建筑施工现场应设立临时消防供水系统，临时消防给水系统应与施工现场的生产、生活给水系统结合设置。临时消防给水系统应满足消防水枪充实水柱长度不小于 10 m 的要求；给水压力不能满足要求时，应设置消火栓泵，消火栓泵不应少于 2 台，且应互为备用；消火栓泵宜设置自动启动装置。

11.6.2 设置临时室内消防给水系统的在建工程，各楼层均应设置室内消火栓接口及消防软管接口。消火栓接口或软管接口的间距，多层建筑不应大于 50 m，高层建筑不应大于 30 m。消火栓结构及软管接口应设置在位置明显且易于操作的部位，消火栓接口的前端应设置截止阀。

11.6.3 高度超过 100 m 的在建工程，应在适当楼层增设临时中转水池及加压水泵。中转水池的有效容积不应少于 10 m^3 ，上、下两个中转水池的高差不宜超过 100 m；加压水泵每个月应试运转 1～2 次。

11.6.4 当外部消防水源不能满足施工现场的临时消防用水量要求时，应在施工现场设置临时贮水池。临时贮水池宜设置在便于消防车取水的部位，其有效容积不应小于施工现场火灾延续时间内一次灭火的全部消防用水量。

11.6.5 楼层通道醒目位置应悬挂“楼层消防告示牌”。

本规程用词用语说明

1　为了便于在执行本规程条文时区别对待，对要求严格程度不同的用词说明如下：

1）表示很严格，非这样做不可的：

正面词采用“必须”，反面词采用“严禁”。

2）表示严格，在正常情况下均应这样做的：

正面词采用“应”，反面词采用“不应”或“不得”。

3）表示允许稍有选择，在条件许可时首先应这样做的：

正面词采用“宜”，反面词采用“不宜”。

4）表示有选择，在一定条件下可以这样做的，采用“可”。

2　规程中指明应按其他规范、规程、标准执行时，采用“应按……执行”或“应符合……的要求或规定”。

引用标准名录

1 《建设工程施工现场消防安全技术规范》GB 50720

2 《建筑施工场界环境噪声排放标准》GB 12523

3 《高处作业吊篮》GB 19155

4 《高处作业分级》GB/T 3608

5 《手持式电动工具的管理、使用、检查和维修安全技术规程》GB/T 3787

6 《建筑施工安全检查标准》JGJ 59

7 《建筑施工塔式起重机安装、使用、拆卸安全技术规程》JGJ 196

8 《建筑施工扣件式钢管脚手架安全技术规范》JGJ 130

9 《建筑施工工具式脚手架安全技术规范》JGJ 202

10 《建筑施工门式钢管脚手架安全技术规范》JGJ 128

11 《建筑基坑支护技术规程》JGJ 120

12 《建筑深基坑工程施工安全技术规范》JGJ 311

13 《建筑施工高处作业安全技术规范》JGJ 80

14 《建筑施工模板安全技术规范》JGJ 162

15 《施工现场临时用电安全技术规范》JGJ 46

16 《建筑机械使用安全技术规程》JGJ 33

17 《施工现场机械设备检查技术规程》JGJ 160

18 《建设工程施工现场环境与卫生标准》JGJ 146

19《建筑施工升降机安装、使用、拆卸安全技术规程》JGJ 215

20 《龙门架及井架物料提升机安全技术规范》JGJ 88

21 《施工现场临时建筑物技术规范》JGJ/T 188

四川省工程建设地方标准

四川省建筑工程现场安全文明施工标准化技术规程

DBJ51/T 036 - 2015

条 文 说 明

目　次

1 总 则

1.0.1 本规程是一本推荐性规程，用于指导各建筑施工单位做好与施工现场安全文明施工相关的各项工作，既对保障安全生产起到推动性作用，又能够通过对本规程学习与实践提升企业自身的安全生产管理水平，从而达到降低四川省内建筑施工行业安全生产事故发生的概率。

3 安全管理

3.1 一般规定

3.1.2 不同类型的建筑，其施工特点也各不相同，在施工过程中影响施工安全的因素也不同，因此，在编制施工组织设计时，应同时制定相应的安全技术措施，确保工程项目施工现场的人、机、物、法、环均处于受控状态，才能够有效保障施工安全。

3.2 安全生产责任制

3.2.1 对于各层次的管理者，除负责各自管理范围内的生产经营管理职责外，还应负责其运行范围内的安全生产管理，确保管理范围内的安全生产管理体系正常运行和安全业绩的持续提升。安全生产责任体系由纵向与横向展开。

3.2.3 企业安全生产责任制中，安全生产决策机构可为安全生产委员会或安全生产领导小组。

3.2.5 工程项目部安全生产责任制

3 工程的主要施工工种，包括砌筑、抹灰、混凝土、木工、电工、钢筋、机械、起重司索、信号指挥、脚手架、塔机、施工电梯、电气焊等均应制定安全技术操作规程，并在固定的作业区域悬挂。

4 工程项目部专职安全管理人员的配备应按住建部的规定，总包单位：（一）建筑工程、装修工程按照建筑面积配备：

10 000 m^2 以下的工程不少于 1 人；10 000 ~ 50 000 m^2 的工程不少于 2 人；50 000 m^2 及以上的工程不少于 3 人，且按专业配备专职安全生产管理人员。（二）土木工程、线路管道、设备安装工程按照工程合同价配备：5 000 万元以下的工程不少于 1 人；5 000 万 ~ 1 亿元的工程不少于 2 人；1 亿元及以上的工程不少于 3 人，且按专业配备专职安全生产管理人员。专业分包单位：每个分包单位不少于 1 人。劳务企业：50 人以下不少于 1 人；50 ~ 200 人不少于 2 人；200 人以上不少于 3 人，且不少于现场作业人数的 5‰。

5 制定安全生产资金保障制度，就是要确保购置、制作各种安全防护设施、设备、工具、材料及文明施工设施和工程抢险等需要的资金，做到专款专用。

3.3 重大危险源管理

3.3.1 重大危险源的辨识方法有很多，如安全检查表法、LEC 评价法、事件树分析法、事故树分析法等，每种方法都有各自的特点、适用的范围和局限性，根据本规程所涉及内容，宜选用安全检查表法进行重大危险源的辨识。

安全检查表法（简称 SCL）是一种最通用的定性安全评价方法，可适用于各类系统的设计、验收、运行、管理阶段以及事故调查过程，应用十分广泛。

工程项目部应根据住建部发布的《建筑施工安全检查标准》JGJ 59 对工程现场逐项进行检查，对检查到的事实情况如实记录和评分，根据检查记录及评分结果，进行定性分析，辨识出工程现场的重大危险源。

对其他方法的说明如下：

（1）LEC 评价法：LEC 评价法是对具有潜在危险性作业环境中的危险源进行半定量的安全评价方法，用于评价操作人员在具有潜在危险性环境中作业时的危险性、危害性。

该方法用与系统风险有关的三种因素指标值的乘积来评价操作人员伤亡风险大小，这三种因素分别是：L（事故发生的可能性）、E（人员暴露于危险环境中的频繁程度）和 C（一旦发生事故可能造成的后果）。给三种因素的不同等级分别确定不同的分值，再以三个分值的乘积 D 来评价作业条件危险性的大小，即：

$$D = L \times E \times C$$

D 值越大，说明该系统危险性大，需要增加安全措施，或改变发生事故的可能性,或减少人体暴露于危险环境中的频繁程度，或减轻事故损失，直至调整到允许范围内。

（2）事件树分析法：事件树分析（简称 ETA）起源于决策树分析（简称 DTA），它是一种按事故发展的时间顺序由初始事件开始推论可能的后果，从而进行危险源辨识的方法。一起事故的发生，是许多原因事件相继发生的结果，其中，一些事件的发生是以另一些事件首先发生为条件的，而一事件的出现，又会引起另一些事件的出现。在事件发生的顺序上，存在着因果的逻辑关系。事件树分析法是一种时序逻辑的事故分析方法，它以一初始事件为起点，按照事故的发展顺序，分成阶段，一步一步地进行分析，每一事件可能的后续事件只能取完全对立的两种状态（成功或失败，正常或故障，安全或危险等）之一的原则，逐步向结果方面发展，直到达到系统故障或事故为止。所分析的情况用树枝状图表示，故叫事件树。它既可以定性地了解整个事件的动态变化过程，又可以定量计算出各阶段的概率，最终了解事故发展过程中各种状态的发生概率。

（3）事故树分析法：事故树分析法（简称 ATA）起源于故障树分析法（简称 FTA），是安全系统工程的重要分析方法之一，它是从要分析的特定事故或故障开始（顶上事件），层层分析其发生原因，直到找出事故的基本原因，即故障树的底事件为止。这些底事件又称为基本事件，它们的数据是已知的或者已经有过统计或实验的结果。它能对各种系统的危险性进行辨识和评价，不仅能分析出事故的直接原因，而且能深入地揭示出事故的潜在原因。用它描述事故的因果关系直观、明了，思路清晰，逻辑性强，既可定性分析，又可定量分析。

3.3.2 企业和工程项目部应对所辨识出的重大危险源进行管理与控制，确保工程现场安全，避免事故的发生。

1 企业和工程项目部在对重大危险源进行辨识和评价后，对于已辨识出的重大危险源，应分别制定重大危险源控制目标，并针对每一个重大危险源制定出一套严格的安全管理制度及控制措施，落实实施部门、检查部门和检查时间等，形成一套系统科学的重大危险源管理方案，对重大危险源进行严格控制和管理。

2 企业和工程项目部应对已制订的事故应急救援预案，进行定期检验，并评估事故应急救援预案和程序的有效程度，在必要时进行修订。事故应急救援预案应提出详尽、实用、明确和有效的技术措施与组织措施。

3.4 施工组织设计及专项施工方案

3.4.1 施工组织设计

3 本条针对施工组织设计的基本内容加以规定，根据工程的具体情况，施工组织设计的内容可以添加或删减。根据《建筑工程施工组织设计规范》GB/T 50502 的相关要求，未对施工组织设计的具体章节顺序加以规定。

4 施工组织设计未经审批，就无法保证施工组织设计的合理性和可操作性，会导致现场施工混乱，严重时甚至会发生安全、质量事故，因此，施工组织设计经审核批准后，方可组织实施。

3.4.2 专项施工方案

危险性较大的分部分项工程和超过一定规模的危险性较大的分部分项工程的范围应依据《危险性较大的分部分项工程安全管理办法》（建质〔2009〕87 号）的相关规定进行界定。

危险性较大的分部分项工程安全专项施工方案，是指工程项目部在编制施工组织设计的基础上，针对危险性较大的分部分项工程单独编制的安全技术措施文件。

建筑工程实行施工总承包的，专项施工方案应当由施工总承包单位组织编制。其中，起重机械安装拆卸工程、深基坑工程、附着式升降脚手架等专业工程实行分包的，其专项方案可由专业承包单位组织编制。

3.5 安全教育培训

3.5.1 工程项目现场管理人员包括：技术、安全、质量、材料、预算、财务、机械设备等管理人员。

工程项目部对工程项目现场管理人员进行培训的内容包括：有关法律、法规、规范、标准、安全管理知识、事故应急救援知识等内容。

3.5.2 工程项目部对作业人员的安全教育培训要求及主要内容如下：

1 对特种作业人员的安全教育培训要求及主要内容：

1）本条所称特种作业人员是指在施工活动中，可能对本人、他人及周围设备设施的安全造成重大危害的作业人员，包括：建筑电工、建筑架子工、建筑起重信号司索工、建筑起重机械司机、建筑起重机械安装拆卸工、高处作业吊篮安装拆卸工、电焊工、油漆工以及经省级以上人民政府建设主管部门认定的其他特种作业人员等；

2）特种作业人员必须经建设主管部门考核合格，取得建筑施工特种作业人员操作资格证书，方可上岗从事相应作业；

3）特种作业人员考核和延期复核，由工程项目部统一组织，向当地考核发证机关提交相关证明材料、提出申请，并建立特种作业人员管理档案；

4）工程项目部应每月组织对特种作业人员进行有关安全生产法律法规、安全技术、事故案例、事故应急救援等知识的安全教育培训。

2 对新进场作业人员的安全教育培训要求及主要内容：

1）新进场作业人员参加施工作业前，必须经过企业、工程项目部、班组三级安全教育培训，经考核合格后方可上岗作业。

2）企业可委托项目负责人组织并监督，对进入工程项目施工现场的新进场作业人员进行公司级安全教育培训，培训内容为：国家和地方有关安全生产、劳动保护的方针、政策、法律法规、规范、标准及规章，公司及其上级部门印发的安全规定，安全生产与劳动保护工作的目的和意义等。公司级新进场作业人员的上岗前安全教育培训时间应不少于15学时。

3）工程项目部应由安全工程师或专职安全员组织，对进入工程项目施工现场的新进场作业人员进行项目部级安全教育培训，培训内容为：建设工程施工生产的特点，施工现场的一般安全管理规定、要求，施工现场主要事故类别，常见多发性事故的特点、规律及预防措施、事故教训等，本工程项目施工的基本情况（工程类别、施工阶段、作业特点等），施工中应注意的安全事项。项目部级新进场作业人员的上岗前安全教育培训时间应不少于15学时。

4）工程项目部专职安全员负责组织，应由班组长对进入工程项目施工现场的新进场作业人员进行班组级安全教育培训，培训内容为：本工种作业的安全技术操作要求，本班组施工生产概况，包括工作性质、职责、范围等，本人及班组在施工过程中，所使用、所遇到的各种生产设备、设施、电气设备、机械、工具的性能、作用、操作要求、安全防护要求，个人使用和保管的各类劳动防护用品的使用方法及劳防用品的基本原理与主要功能，发生安全事故后应采取的措施（紧急避险、救助抢险、保护现场、报告事故等）。班组级新进场作业人员的上岗前安全教育培训时间应不少于20学时。

3 对变换工种的作业人员的安全教育培训要求及主要内容：

1）变换工种的作业人员包括待岗复工、转岗、换岗人员，此类作业人员上岗前必须经过专门的安全教育培训。

2）企业应由安全管理职能部门负责监督，由工程项目部安全工程师或专职安全员组织，由工程项目部技术负责人、施工员、班组长共同对待岗复工、转岗、换岗人员进行专门的安全教育培训，培训内容为：本工种作业的安全技术操作规程，本班组施工生产的概况介绍，施工区域内生产设施、设备、工具的性能、作用、安全防护要求等。变换工种作业人员的安全教育培训时间应不少于 20 学时。

3.5.3 经常性安全教育培训的主要内容如下：

1 安全生产法律、法规、标准、规定，企业及上级部门的安全管理新规定。

2 安全生产先进经验介绍，最新的典型事故教训，施工新技术、新工艺、新设备、新材料的使用及有关安全技术方面的要求。

3 国家近期安全生产方面的动态，针对企业近期安全生产工作回顾、讲评。

4 针对季节施工特点进行的季节性安全教育培训。

5 针对节假日特点进行的节假日前后安全教育培训。

3.5.4 工程项目开工前对工程项目施工现场所有人员进行安全教育培训的要求及主要内容如下：

1 工程项目开工前，工程项目部必须对工程项目施工现场所有人员（包括分包单位所有现场人员）进行有针对性的安全教育培训。

2 工程项目开工前安全教育培训，应由工程项目部安全工程师或专职安全员组织，工程项目部技术负责人、项目副经理负责实施。

3 工程项目开工前安全教育培训内容：施工组织设计的内容，包括工程概况、施工部署、主要施工方法和施工工艺，主要安全技术措施，施工中涉及的重大危险源和重要环境因素及应急措施，工程项目部各项安全生产规章制度等。

3.5.5 施工人员入场安全教育培训应按照“先培训后上岗”的原则进行，安全教育培训应进行试卷考核。现场应填写三级安全教育台账记录和安全教育人员考核登记表。

3.5.6 工程项目部采用新技术、新工艺、新设备、新材料施工时，必须进行安全教育培训，保证施工人员熟悉作业环境，掌握相应的安全知识技能。

3.5.7 工程项目部应对施工现场相关人员进行安全教育培训的实施情况、实际效果、实施记录进行考核，并对考核结果进行分析，优化安全教育培训的内容，以提高安全教育培训的实际效果，达到安全教育培训的目的。

3.6 安全技术交底

3.6.1 工程项目技术负责人或方案编制人员对现场相关管理人员、施工作业人员进行的书面安全技术交底，有如下要求：

1 工程项目安全技术交底分为施工组织设计交底、专项施工方案交底、分部分项工程交底、单项作业工序和工艺安全交底等。

2 各类安全技术交底应做到与工作计划、施工安排同时进行，实行逐级交底。

3 交底内容必须明确，针对性强。对施工工艺复杂、施工难度较大或作业条件危险的分部分项工程潜在的危险因素应单独进行工种交底。

4 工程项目部由技术负责人或方案编制人员向施工作业人员进行书面安全技术交底，安全管理人员负责检查、督促安全技术交底的执行。

3.6.2 安全技术交底按分部分项进行交底时，应包含分部分项工程的概况、作业部位和内容等，对于分部分项工程的危险部位，应包含针对危险部位采取的具体预防措施和应急救援预案等内容。

对施工机械操作人员，应按相关安全操作规程以及针对重大风险所采取的安全措施等内容，对其进行专项的书面安全技术交底。

对以安全施工方案为主要内容的交底，应由方案编制人（技术负责人）向施工负责人（工长）及相关管理人员交底。

3.6.4 安全技术交底均以书面形式进行，有关人员必须履行签字手续。交底必须履行交底人和被交底人的签字模式，书面交底一式两份，一份交给被交底人，另一份附入安全管理资料备查。

3.7 安全检查

3.7.1 企业应组织相关部门及人员，对其下属工程项目部进行安全检查。

1 检查组应每季度对企业下属工程项目部进行一次安全生产大检查，安全生产大检查应根据企业的安全生产管理状况确定检查重点，并对检查结果进行分析，强化安全生产管理薄弱环节，以提高企业安全生产管理水平。

2 对设有分公司的企业，企业安全管理职能部门应每季度进行一次全面安全检查，分公司安全管理职能部门应每月进行一次全面安全检查；对未设分公司的企业，企业安全管理职能部门的安全检查应每月进行一次。企业安全管理职能部门对所属工程项目部施工现场进行的安全检查，应包括土建、机械设备、临时用电、内业资料、文明施工、消防、雨季防汛等方面的内容。

3.7.2 带班检查制度的要求如下：

1 施工现场带班制度应明确其工作内容、职责权限和考核奖惩等要求。

2 企业负责人要定期带班检查，每月检查时间不少于其工作日的25%。

3 企业负责人带班检查时，应认真做好检查记录，并分别在企业和工程项目存档备查。

4 工程项目进行超过一定规模的危险性较大的分部分项工程施工时，企业负责人应到施工现场进行带班检查。对于有分公司（非独立法人）的企业集团，集团负责人因故不能到现场的，可书面委托工程所在地的分公司负责人对施工现场进行带班检查。

5 工程项目出现险情或发现重大隐患时，企业负责人应到施工现场带班检查，督促工程项目进行整改，及时消除险情和隐患。

6 项目负责人带班生产时，要全面掌握工程项目质量安全生产状况，加强对重点部位、关键环节的控制，及时消除隐患。要认真做好带班生产记录并签字存档备查。

7 项目负责人每月带班生产时间不得少于本月施工时间的80%。因其他事务需离开施工现场时，应向工程项目的建设单位请假，经批准后方可离开。离开期间应委托项目相关负责人负责其外出时的日常工作。

3.7.3 工程项目部对工程施工现场进行自查、自检，有如下要求：

1 项目负责人每周应组织项目技术、安全、各分包单位负责人（或班组长）等管理人员，对施工现场进行一次安全生产专项自查，并对重要生产设施和重点作业部位加大巡检周期密度。

2 工程项目部应根据施工期间季节气候变化，及时增加防暑、防洪、防风、防冻、防煤气中毒等季节性安全检查，还应特别注意做好重大节假日前后的安全检查。

3 工程项目部专职安全管理人员必须实行全日巡检制度，对于高危险性的作业应实行旁站监督。

4 工程项目部应建立安全检查台账，将每次检查的情况、整改的情况详细记录在案,便于一旦发生事故时追溯原因和责任。检查记录使用专用检查表。

3.7.4 安全检查的形式可分为常态化安全检查、定期性安全检查、专项安全检查、季节性安全检查、节假日前后安全检查等。

1 常态化安全检查的主要内容：

1）工程施工现场的施工环境、卫生是否安全、良好；

2）工程施工现场的机电设施及安全装置是否运转正常；

3）工程施工现场的安全人员是否上岗履行职责；

4）工程施工现场的管理人员是否违章指挥、生产工人是否违章作业,是否违反劳动纪律；

5）工程施工现场的安全防护设施是否妥善。

2 定期性安全检查的主要内容：

1）安全生产责任制的落实、考核和安全投入台账、劳动保护用品的发放使用情况；

2）专项施工方案、大型机械设备安、拆方案的审批执行情况及安装、验收、保养、维护以及安全防护设施的使用管理情况；

3）安全“三宝”和其他劳保用品的使用情况；

4）特种作业人员持证上岗情况；

5）安全作业计划执行情况和危险点源、重点部位、关键环节的安全状况；

6）工程施工现场的安全设施和安全防护是否到位，现场管理人员和工人是否有违章指挥和违章作业的行为，必要时可进行抽查，以便了解管理人员及操作人员的安全意识；

7）工程施工现场的安全管理资料是否建立健全及归档情况；

8）工程施工现场有无重大安全隐患。

3 专项安全检查的主要内容：

专项检查主要针对垂直运输设备（塔吊、物料提升机）、脚手架、电气、起重吊装、深基础、高支模作业、压力容器、防尘、防毒、环境卫生等安全问题或在施工（生产）中存在的普遍性安全问题进行检查。

4 季节性安全检查的主要内容：

1）雷雨季节前，电气设备，避雷设施的检查，测试、维护情况；

2）是否制订“事故应急救援预案”，各项救援器材、措施落实情况；

3）冬旱季的防火检查；

4）要害部位、危险作业、易燃易爆等项的检查。

5 节假日前后安全检查的主要内容：

1）节假日前工程项目部是否对工程施工现场进行安全检查，且工程施工现场的安全状况是否良好；

2）节假日期间值班安排和通信联络方案是否到位；

3）节假日期间工程施工现场的人员安全防范措施落实情况和生活安排情况；

4）节假日后工程项目部是否对工程施工现场进行复工前安全检查，且工程施工现场的安全状况是否满足复工要求。

3.7.5 检查记录应认真、详细，对隐患的记录必须具体，安全检查评分表，应记录每项扣分的原因。

3.7.6 对有即发性事故危险的隐患，检查人员应责令停工，受检项目必须立即整改；对重大事故隐患的整改复查，应按照“谁检查谁复查”的原则进行，经复查，整改合格后，方可进行销案。

3.8 季节性施工

3.8.1 季节性施工是指工程建设中按照季节的特点进行相应的建设，考虑到自然环境所具有的不利于施工的因素存在，工程项目部应该制定并采取安全技术措施来避开或减弱其不利影响，以保证工程项目施工现场安全生产的顺利进行。

3.8.2 雷雨季节施工可采取如下安全技术措施：

1 工程项目部应对施工现场各机电设备采取可靠的防雨措施。

2 工程项目部应准备排水机具设备，雨期、汛期应做好排水工作，确保施工安全。如雨期降雨量较大、汛期险情严重，应停止施工并及时疏散场内人员至安全处。

3 工程项目部应定期检查施工现场内各用电设备（配电箱、塔机、电梯等）的接地情况，必须保证接地完好，接地电阻不得大于4 Ω。

4 雷雨季节施工时，工程项目部应确保施工现场脚手架的防雷接地情况良好有效，雷雨后应组织相关人员检查施工现场的脚手架及各临时设施是否完好，必须保证其具有足够的稳定性和牢固性，同时应指派专业电工对场内用电线路进行检查，确保用电安全。

5 进入雷雨季节施工后，工程项目部应指派专人了解天气情况，随时掌握天气变化，以便提早做好预防工作。

3.8.3 冬季施工可采取如下安全技术措施：

1 冬季施工时，如遇雨雪冰冻天气，工程项目部应组织人员对施工现场内的道路、斜道、脚手架通道等进行检查，如积雪须立即清理，做好冬季施工的防滑工作。

2 工程项目部做好作业人员住宿环境的防冻工作，防止作业人员因寒冷冰冻突发疾病。

3 工程项目部应经常性对施工现场作业人员进行安全教育，禁止其使用明火、大功率用电器等取暖，加强防火措施，确保施工现场消防安全。

3.8.4 夏季施工可采取如下防暑降温措施：

1 工程项目部应合理安排施工作业时间，施工作业应避开高温时段，禁止在高温时段加班。

2 工程项目部应提前准备好防暑降温药品，注意食堂卫生以及民工宿舍卫生，确保作业人员身体健康。

3 工程项目部应设置茶水供应站，同时可提供一些具有防暑降温效果的饮品，确保施工作业人员能够及时补充水分，避免中暑。

3.8.5 在恶劣天气下进行露天起重吊装作业和高空作业，具有很高的危险性，发生事故的可能性更大，故应严格禁止。

3.9 应急管理

3.9.1 重大危险源的辨识应根据工程特点和施工工艺，对施工中可能造成重大人身伤害的危险因素、危险部位、危险作业列为重大危险源并进行公示，以此为基础编制应急救援预案和控制措施。

3.9.2 工程项目部应定期组织综合或专项的应急救援演练。按照《生产安全事故应急预案管理办法》规定，每年至少组织一次综合或专项的应急预案演练，每半年至少组织一次现场处置方案演练。对难以进行现场演练的预案，可按演练程序和内容进行室内桌牌式模拟演练。

工程项目部应按照工程的不同情况和应急救援预案要求，配备相应的应急救援器材，包括：急救箱、氧气袋、担架、应急照明灯具、消防器材、通信器材、机械设备、材料、工具、车辆、备用电源等。

3.10 安全资料管理

3.10.1 工程项目部应安排专人根据施工现场工程实际和施工各阶段的安全工作需要建立安全资料管理台账，并由专人妥善进行保管。

3.10.2 对各类安全资料的包含内容说明如下：

1 安全生产管理职责方面的资料可包含如下内容：

1)《四川省建筑业企业安全业绩评价手册》(复印件)；

2) 建筑施工现场安全、文明施工各项管理制度；

3) 工程项目目标管理责任书及实施方法；

4) 安全生产目标管理责任书、各级施工管理人员安全生产责任制；

5) 工程项目安全生产保证体系及组织机构；

6) 工程项目安全生产奖、惩记录；

7) 安全生产责任制执行情况考核表；

8) 其他安全生产管理职责方面的资料。

2 目标管理方面的资料可包含如下内容：

1）职业健康安全、环境目标管理；

2）职业健康安全、环境目标管理办法；

3）工程项目部安全生产目标（项目部）分解责任书；

4）工程项目部安全生产目标（班组）分解责任书；

5）工程项目安全责任目标考核标准；

6）工程项目部安全目标考核；

7）其他目标管理方面的资料。

3 施工组织设计方面的资料可包含如下内容：

1）工程项目安全技术管理制度；

2）危险源评价方法及评价标准；

3）危险源辨识、风险评价清单；

4）重大危险源清单；

5）施工组织设计（方案）会签表；

6）本工程各类施工组织设计；

7）本工程各类专项施工方案；

8）本工程各类安全技术措施；

9）危险性较大的分部（分项）工程经专家论证的相关资料；

10）其他施工组织设计方面的资料。

4 安全技术交底方面的资料可包含如下内容：

1）安全技术交底制度；

2）安全技术交底记录；

3）技术人员对作业班组进行的安全操作规程交底；

4）总包单位对分包单位的进场安全总交底；

5）电工安全技术交底；

6）焊工安全技术交底；

7）架子工安全技术交底；

8）高处作业安全技术交底；

9）塔机安装、使用、拆卸安全技术交底；

10）施工电梯安装、使用、拆卸安全技术交底；

11）物料提升机安装、使用、拆卸安全技术交底；

12）对危险部位、重点部位操作班组进行专项、有针对性的安全技术交底；

13）其他安全技术交底方面的资料。

5 检查、检验方面的资料可包含如下内容：

1）安全检查制度；

2）各类安全检查资料；

3）供应商及安全用品管理；

4）施工机具验收单；

5）机械设备运转记录；

6）机械设备交接班记录；

7）安全防护设施交接验收记录；

8）其他检查、检验方面的资料。

6 安全教育培训方面的资料可包含如下内容：

1）安全教育培训制度；

2）“三级”安全教育记录卡及汇总表；

3）安全教育记录；

4）工程项目部管理人员年度培训记录表；

5）其他安全教育和培训方面的资料。

7 安全活动方面的资料可包含如下内容：

1）班前安全活动制度；

2）项目安全生产活动记录；

3）班前安全活动记录；

4）作业班组每周安全活动记录；

5）安全生产会议记录；

6）其他班前安全活动方面的资料。

8 特种作业管理方面的资料可包含如下内容：

1）特种作业人员管理制度；

2）特种作业人员登记表及特种作业操作证（复印件）；

3）机械操作人员名册；

4）其他特种作业管理方面的资料。

9 工伤事故处理方面的资料可包含如下内容：

1）伤亡事故报告制度；

2）工伤事故月报表；

3）工伤事故登记表；

4）其他工伤事故处理方面的资料。

10 安全标志方面的资料可包含如下内容：

1）施工现场安全防护设施、警示标志、标语牌分布图；

2）安全措施投入费用台账；

3）施工现场劳动保护用品使用汇总表；

4）其他安全标志方面的资料。

11 文明施工管理方面的资料可包含如下内容：

1）文明施工各项管理制度；

2）文明施工各级责任书；

3）“五牌一图”；

4）施工现场消防管理；

5）职工体检名录（特种作业人员体检记录和食堂炊事人员健康证明等）；

6）外用工花名册（包括身份证、居住证、务工证、用工证等）；

7）动火审批手续；

8）其他文明施工管理方面的资料。

12 民工夜校方面的资料可包含如下内容：

1）民工夜校管理制度；

2）民工夜校教育培训计划；

3）民工夜校学习人员花名册；

4）民工夜校培训记录；

5）民工夜校培训影像资料；

6）其他民工夜校方面的资料。

13 绿色施工方面的资料可包含如下内容：

1）扬尘治理措施；

2）扬尘治理日常检查表；

3）绿色施工实施方案；

4）绿色施工过程的证明资料；

5）其他绿色施工方面的资料。

3.10.3 安全资料应随工程施工进度同步收集、整理，应真实反映工程的实际情况，确保安全信息的真实性。

4 文明施工

4.2 现场围挡

4.2.1 本条参照《建筑工程施工现场环境与卫生标准》JGJ 146 第 3.0.8 条。市区主要路段、一般路段由当地行政主管部门划分。施工现场设置封闭围挡的目的是防止人员随意出入，减少施工作业影响周围环境。交通路口占路施工设置的围挡会遮挡视线，造成交通安全隐患，容易诱发交通安全事故，所以距离交通路口 20 m 范围内 0.8 m 以上部分的围挡采用通透性围挡。硬质围挡是指采用砌体、金属板材等材料设置的围挡。通透性围挡是指采用金属网等可透视材料设置的围挡。交通路口包括环岛、十字路口、丁字路口、直角路口和单独设置的人行横道。

4.2.2 本条参照《施工现场临时建筑物技术规范》JGJ/T 188 第 7.7.5 条。砌体围挡顶部采取防止雨水渗透的目的是防止雨水渗入墙中而影响墙体的稳定性。

4.2.3 本条参照《施工现场临时建筑物技术规范》JGJ/T 188 第 7.7.3 条。彩钢板围挡除应满足本规范要求外，尚需注意下列要求：

1 斜撑应按拉杆设计，并校核其受压稳定性；斜支撑与水平地面的夹角应大于 30°，且小于 60°。

2 当彩钢板围挡的高度小于 1.5 m 时，可采用悬臂结构，此时立柱与预制混凝土基础之间的连接应符合规定端的构造要求。

3 在保证结构安全的前提下，可适当简化设计和构造措施。

4 彩钢板围挡可不考虑地震作用的影响。

4.2.4 本条参照《施工现场临时建筑物技术规范》JGJ/T 188 第 11.1.12 条，针对围挡使用过程中常发生的安全事故类型作出规定。

4.2.5 本条参照《成都市城乡建设委员会关于进一步规范市政基础设施项目施工现场围挡的通知》（成建委发〔2010〕735 号）。

4.3 封闭管理

4.3.2 施工现场主要出入口围挡外侧是指大门外的左侧围挡或右侧围挡。工程概况牌应标明项目名称、规模、开竣工日期、施工许可证号、建设单位、设计单位、施工单位、监理单位、质量监督机构、安全监督机构名称和监督电话等，以便于社会各界的监督。

4.3.3 车辆冲洗平台厚度不应小于 200 mm，长不小于 5 m，宽不低于 4 m，坡度不小于 5%。污水必须经沉淀处理，达到排放标准后方可排入市政污水管网。

4.4 施工场地

4.4.1 施工现场各个场地区域的划分布置应与施工组织设计所附的施工现场平面布置图一致。各区域的布置需既相对独立又便于联系。

4.4.2 硬化处理是指采取铺设混凝土、碎石或其他硬质材料等方法，防止施工车辆在施工现场行驶中产生扬尘污染环境。

4.4.4 根据现行行业标准《污水排入城镇下水道水质标准》CJ 343 的规定，施工污水的水质监测由城镇排水监测部门负责。

4.4.5 施工现场焚烧废弃物容易引发火灾，燃烧过程中会产生有毒有害气体造成环境污染。危险物品以环境保护部令第1号《国家危险废物名录》为准，施工现场常见的危险废物包括废弃油料、化学溶剂包装桶、色带、硒鼓、含油棉丝、石棉、电池等。

4.5 施工现场材料管理

4.5.1 应根据施工现场实际面积及安全消防要求，合理布置材料的存放位置，并码放整齐。
4.5.2 现场存放的材料（如：钢筋、水泥等），为了达到质量和环境保护的要求，应有防雨水浸泡、防锈蚀和防止扬尘等措施。
4.5.4 建筑物内施工垃圾的清运，为防止造成人员伤亡和环境污染，必须要采用合理容器或管道运输，严禁凌空抛掷。
4.5.5 现场易燃易爆物品必须严格管理，在使用和储藏过程中，必须有防暴晒、防火等保护措施，并应间距合理、分类存放。易燃易爆物品如长期无专人管理，有可能存在自燃、泄漏、老鼠等动物伤害的风险，故应派专人负责并定期检查；工人不一定清楚易燃易爆物品的正确使用方法和应该检查的所处的安全环境，因此在使用前应进行有针对性的专项技术安全交底。

4.6 临时设施

4.6.3 从疏散安全和结构安全角度考虑，人员密集、荷载较大的会议室、食堂、库房、职工夜校等应布置在活动房的底层。
4.6.5 本条从满足居住卫生、舒适的角度对宿舍的设计和使用作出规定：

1 为保证临时建筑宿舍内部必要的生活空间，本条参照现行行业标准《宿舍建筑设计规范》JGJ 36和现行国家标准《住宅建筑规范》GB 50368，对宿舍室内净高、通道宽度、居住人数作了规定。

2 宿舍条件对居住人员身心健康有重大影响。可开启式外窗是指可以打开通风采光的外窗，并作为应急逃生通道。床铺超过2层时，人员上下存在安全隐患，个人空间受限，通铺不能保证私人空间，容易造成传染病，且不利于应急逃生。

4.6.6 本条是为了保证食堂的卫生安全而定的。

1 清洁能源是指燃气、燃油、电能、太阳能等。

2 隔油池是指在生活用水排入市政管道前设置的隔离漂浮油污进入市政管道的池子。

3 防鼠挡板是采用金属材料或金属材料包裹，防止鼠类啃咬的挡板。

4 油烟净化装置是利用物理或化学方法对油烟进行收集、分离的净化处理设备。

4.6.7 本条是对临时建筑的厕所、盥洗设施和浴室做出的规定。

2 临时厕所是指便于清运和方便使用的如厕设施。

4.6.9 大、中型项目宜单独设置文体活动室，小型项目或条件不能满足的大、中型项目，文体活动室可与会议室或职工夜校合并使用。

4.6.10 不燃材料指现行国家标准《建筑材料及制品燃烧性能分级》GB 8624中的A级材料。

4.6.11 施工现场设置茶水休息厅，给作业人员提供休息饮水的场所，供应的饮用水必须符合卫生要求，器具应定期消毒。茶水桶应加盖、上锁、有标志，并由专人负责管理。

4.7　卫生防疫

4.7.2　依据《中华人民共和国食品卫生法》的规定，食品生产经营人员必须体检合格取得健康证后方可参加工作。依据《餐饮服务许可管理办法》的规定，餐饮服务提供者应取得餐饮服务许可证并在就餐场所醒目位置悬挂或摆放。

食堂取得餐饮服务许可证、炊事人员取得健康证是保证就餐人员的食品卫生安全的基本条件，悬挂于醒目位置是为了便于监督检查。

4.7.5　依据《中华人民共和国食品卫生法》的有关规定，施工现场保留食品、原料采购台账和原始单据，达到可追溯性要求。

5 脚手架

5.2 落地式钢管脚手架

5.2.1 限制钢管的长度与重量是为确保施工安全，运输方便。一般情况下，单、双排脚手架横向水平杆最大长度不超过 2.2 m，其他杆最大长度不超过 6.5 m。我国目前各生产厂的扣件螺栓所采用的材质差异较大，检查表明，当螺栓扭力矩达 70 N · m 时，大部分螺栓已滑丝不能使用。以螺栓、垫圈为扣件的紧固件，在螺栓拧紧扭力矩达 65 N · m 时，扣件本件、螺栓、垫圈均不得发生破坏。

5.2.2 基础土层、排水设施、扫地杆的设置对脚手架基础稳定性有着重要影响；脚手架基础应采取防止积水浸泡的措施，减少或消除在搭设和使用过程中由于地基不均匀沉降导致的架体变形。

5.2.3 只有连墙件在主节点附近方能有效地阻止脚手架发生横向弯曲失稳或倾覆，若远离主节点设置连墙件，因立杆的抗弯刚度较差，将会由于立杆产生局部弯曲，减弱甚至起不到约束脚手架横向变形的作用。

由于第一步立柱所承受的轴向力最大，是保证脚手架稳定性的控制杆件。在该处设置连墙件，也就是增设了一个支座，这是从构造上保证脚手架立杆局部稳定性的重要措施之一。

5.2.4 纵向水平杆设在立杆内侧，可以减少横向水平杆跨度，接长立杆和安装剪刀撑时比较方便，对高处作业更为安全。

2　脚手架地基存在高差时，纵向扫地杆、立杆应按要求搭设，保证脚手架基础稳固。

3　开口型脚手架两端是薄弱环节。将其两端设置横向斜撑，并与主体结构加强连接，可对这类脚手架提供较强的整体刚度。

4　根据实验和理论分析，脚手架的纵向刚度远比横向刚度强得多，一般不会发生纵向整体失稳破坏。设置了纵向剪刀撑后，可以加强脚手架结构整体刚度和空间工作，以保证脚手架的稳定。

5.2.5　架体使用的脚手板宽度、厚度以及材质类型应符合规范要求，通过限定脚手板对接和搭接尺寸，控制探头板长度，以防止脚手板倾翻或滑脱。

5.2.7　脚手架在搭设前，施工负责人应按照方案结合现场作业条件进行细致的安全技术交底；脚手架搭设完毕或分段、分层搭设完毕，应由施工负责人组织有关人员进行检查验收，验收内容应包括用数据衡量合格与否的项目，确认符合要求后，才可投入使用或进入下一阶段作业。

5.2.8　本条规定了拆除脚手架前必须完成的准备工作和具备的技术文件。

5.2.9　本条明确规定了脚手架的拆除顺序及其技术要求，有利于拆除中保证脚手架的整体稳定性。构配件禁止抛掷至地面是为了防止伤人，避免发生安全事故，同时还可以增加构配件使用寿命。

5.3　悬挑式脚手架

5.3.1　双轴对称截面型钢宜使用工字钢，工字钢结构性能可靠，双轴对称截面，受力稳定性好，较其他型钢选购、设计、施工方便。悬挑钢梁前端应采用吊拉卸荷，吊拉卸荷的吊拉构件有刚性的，也有柔性的，如果使用钢丝绳其直径不应小于 14 mm，使用预埋吊环其直径不宜小于 20 mm（或计算确定），预埋吊环应使用 HPB300 级钢筋制作。钢丝绳卡不得少于 3 个。

5.3.2 悬挑钢梁支承点应设置在结构梁上，不得设置在外伸阳台上或悬挑板上，否则应采取加固措施。

5.3.3 立杆在悬挑钢梁上的定位点可采取竖直焊接长 0.1 m、直径 25～30 mm 的钢筋或短管等方式，定位点宜采用可拆卸重复使用式；在架体内侧及两端设置横向斜杆并与主体结构加强连接；连墙件偏离主节点的距离不能超过 300 mm，目的在于增强对架体横向变形的约束能力。

5.3.5 架体使用的脚手板宽度、厚度以及材质类型应符合规范要求，通过限定脚手板的对接和搭接尺寸，控制探头板长度，以防止脚手板倾翻或滑脱。

5.3.6 作业层的防护栏杆、挡脚板、安全网应按规范要求正确设置，以防止作业人员坠落和作业面上的物料滚落。

5.3.7 脚手架在搭设前，施工负责人应按照方案结合现场作业条件进行细致的安全技术交底；脚手架搭设完毕或分段、分层搭设完毕，应由施工负责人组织有关人员进行检查验收，验收内容应包括用数据衡量合格与否的项目，确认符合要求后，才可投入使用或进入下一阶段作业。

5.4 附着式升降脚手架

5.4.1 在使用、升降工况下必须配置可靠的防倾覆、防坠落和同步升降控制等安全防护装置；防倾装置必须有可靠的刚度和足够的强度，其导向件应通过螺栓连接固定在附墙支座上，不能前后左右移动；为了保证防坠落装置的高度可靠性，必须使用机械式全自动装置，严禁使用手动装置；同步控制装置是用来控制多个升降设备在同时升降时，出现不同步状态的设施，防止升降设备因荷载不均衡而造成超载事故。

5.4.2 附着式升降脚手架架体的整体性能要求较高，既要符合不倾斜、不坠落的安全要求，又要满足施工作业的需要；架体高度主要考虑了3层未拆模的层高和顶部1.8 m防护栏杆的高度，以满足底层模板拆除作业时的外防护要求；限制支撑跨度是为了有效控制升降动力设备提升力的超载现象；安装附着式升降脚手架时，应同时控制高度和跨度，确保控制荷载和安全使用。

5.4.3 本条说明了附着支承结构的基本形式、构造和使用要求。附着支座是承受架体所有荷载并将其传递给建筑结构的构件，应于竖向主框架所覆盖的每一楼层处设置一道支座；使用工况时，主要保证主框架的荷载能直接有效地传递到各附墙支座；附墙支座还应具有防倾覆和升降导向功能；附墙支座与建筑物连接，要考虑受拉端的螺母止退要求。

5.4.4 本条旨在强调附着式升降脚手架的架体安装要求，其安装质量对后期的使用安全特别重要。

5.4.5 升降操作是附着式脚手架使用安全的关键环节；仅当采用单跨式架体提升时，允许采用手动升降设备。

5.4.6 附着式升降脚手架在组装前，施工负责人应按规范要求对各种构配件及动力装置、安全装置进行验收；组装搭设完毕或分段搭设完毕，应由施工负责人组织有关人员进行检查验收，验收内容应包括用数据衡量合格与否的项目，确认符合要求后，才可投入使用或进入下一阶段作业。

5.5 卸料平台

5.5.1 本条规定了悬挑式卸料平台搭设的基本要求：

1 悬挑式卸料平台应按现行的相应规范进行设计，其结构构造应能防止左右晃动，计算书及图纸应编入专项施工方案。

2 斜拉杆或钢丝绳，构造上宜两边各设前后两道，两道中的每一道均应作单道受力计算。

3 应设置 4 个经过验算的吊环。吊运平台时应使用卡环，不得使吊钩直接钩挂吊环。

4 悬挑式卸料平台的搁支点与上部拉结点，必须位于建筑物上，不得设置在脚手架等施工设备上。

5.5.2 本条规定了落地式卸料平台搭设的基本要求：

1 落地式卸料平台的搭设应严格按照专项施工方案进行搭设，并有具体的计算说明。

2 卸料平台的架体与外脚手架不得连接，严禁以外脚手架杆件代替卸料平台架的杆件。

3 卸料平台上不得超重堆码材料，做到及时吊运。保持卸料平台的干净整洁，严禁平台上堆放隔夜材料。

6 基坑工程

6.1 一般规定

6.1.1 基坑环境调查报告应明确基坑周边市政管线现状及渗漏情况，邻近建（构）筑物基础形式、埋深、结构类型、使用状况；相邻区域内正在施工和使用的基坑工程情况；相邻建筑工程打桩振动及重载车辆通行情况等。

6.1.3 基坑开挖前，应查清基坑内外管线情况并采取相应的措施，防止盲目开挖造成对管线的破坏。

6.1.4 基坑使用中应确保基坑支护结构的安全，主体结构施工不得对基坑支护造成损坏。现场如需要对支护结构工作状态进行改变时，应报告基坑设计单位并进行复核，符合安全要求后方可进行施工。

6.2 基坑工程专项施工方案

6.2.3 根据住建部印发的《危险性较大的分部分项工程安全管理办法》（建质〔2009〕87号），深基坑施工属于超过一定规模的危险性较大的分部分项工程，企业应组织不少于5人的专家组，对已编制的深基坑工程安全专项施工方案进行论证审查。

6.3 基坑开挖

6.3.1 本条规定了基坑开挖的一般原则。锚杆、支撑或土钉是随基坑土方开挖分层设置的，设计将每设置一层锚杆、支撑或土钉后，再挖土至下一层锚杆、支撑或土钉的施工面作为一个设计工况。因此，如开挖深度超过下层锚杆、支撑或土钉的施工面标高时，支护结构受力及变形会超越设计状况。这一现象通常称作超挖。许多实际工程实践证明，超挖轻则引起基坑过大变形，重则导致支护结构破坏、坍塌，基坑周边环境受损，酿成重大工程事故。

施工作业面与锚杆、土钉或支撑的高差不宜大于 500 mm，是施工正常作业的要求。不同的施工设备和施工方法，对其施工面高度要求是不同的，可能的情况下应尽量减小这一高度。

降水前如开挖地下水位以下的土层，因地下水的渗流可能导致流砂、流土的发生，影响支护结构、周边环境的安全。降水后，由于土体的含水量降低，会使土体强度提高，也有利于基坑的安全与稳定。

6.3.2 软土基坑如果一步挖土深度过大或非对称、非均衡开挖，可能导致基坑内局部土体失稳、滑动，造成立柱桩、基础桩偏移。另外，软土的流变特性明显，基坑开挖到某一深度后，变形会随暴露时间增长。因此，软土地层基坑的支撑设置应先撑后挖并且越快越好，尽量缩短基坑每一步开挖时的无支撑时间。

6.3.3 锚杆、支撑、土钉未按基坑设计要求设置，锚杆和土钉注浆体、混凝土支撑和混凝土腰梁的养护时间不足而未达到开挖时的基坑设计承载力，锚杆、支撑、腰梁、挡土构件之间的连接强度未达到基坑设计强度，预应力锚杆、预加轴力的支撑未按基坑设计要求施加预加力等情况均为未达到基坑设计要求。

6.3.4 当主体地下结构施工过程需要拆除局部锚杆或支撑时，拆除锚杆或支撑后支护结构的状态是应考虑的基坑设计工况之一。拆除锚杆或支撑的条件，应在基坑设计中明确规定。

6.3.5 基坑周边施工设施是指施工设备、塔吊、临时建筑、广告牌等，其对支护结构的作用可按地面荷载考虑。

6.4 基坑支护结构施工

6.4.1 根据工程实践，基坑支护结构变形与施工工况有很大关系。因此，应根据工程场地实际和设计要求，确定合理的施工方案，明确支护结构施工与土方开挖、降水、地下结构施工各工序间的合理作业时间与工序控制，关键是在实际施工中严格按照施工方案组织施工，这对于保证基坑工程安全、减小基坑支护结构变形和环境影响意义重大。

6.5 基坑施工监测

6.5.3 巡查工作应具有连贯性，并由专人负责。在基坑开挖过程中，巡查人员可通过巡查了解基坑及周边环境的状况，对重要部位应持续跟踪，并根据前后对比分析发展状况，定期汇报巡查成果，如有异常情况应及时通知有关各方，研究对策，及时处置。

6.6 基坑安全使用与维护

6.6.1 在基坑工程投入使用前，应按规定程序对各个施工阶段进行分步验收，判断基坑工程安全质量合格后才能投入使用。应重视基坑工程的验收交接及基坑工程使用过程中的安全管理，明确工程责任主体和安全管理职责，避免发生事故后互相推诿扯皮的现象。

基坑工程分包单位对承建的项目进行检验时，总包单位应参加，检验合格后，分包单位应将工程的有关资料报总包单位，建设单位组织单位工程验收时，分包单位应参加验收。

6.6.2 基坑工程施工单位在将工程移交下一道作业工序的接收单位时，应同时将相关的水文地质、工程地质、基坑支护、环境状况分析等安全技术资料和相关评估报告同时移交，并应办理移交手续。移交文件应由建设单位、设计单位、监测单位、监理单位、移交和接收单位等共同签章。

6.6.3 基坑工程使用单位应明确负责人和岗位职责，联系基坑设计、施工、使用和监测等相关单位，进行基坑安全使用与维护技术安全交底和培训，制定基坑工程安全使用的应急处置等处理程序，检查现场作业安全交底情况，并定期组织应急处置演练。

6.6.4 暴雨、冰雹等灾害天气后基坑工程易发生事故，因此，应对基坑工程进行现场检查，检查的重点是基坑本身安全及周边建（构）筑物的安全状况。

6.6.5 为了保证基坑使用安全，宜对基坑周围地面采取硬化处理，并定期检查基坑周围原有的排水管、沟，确保不得有渗水漏水迹象。当地表水、雨水渗入土坡或挡土结构外侧土层时，应立即采取截、排等处置措施。

基坑内发生积水时，应及时排出。基坑土方开挖或使用中，基坑侧壁和地表如出现裂缝，应查明原因，并及时采取措施处理。

基坑工程应在四周设置防水围挡和设置防护栏杆。防护栏杆埋设牢固，高度宜为 1.0 ~ 1.2 m，并增加两道间距均分的水平栏杆，应挂密目网封闭，栏杆柱距不得大于 2.0 m，距离坑边水平距离不得小于 0.5 m。

6.6.6 由于场地所限，在基坑周边影响范围内建造临时设施时，应符合基坑设计荷载规定要求，同时，对临时设施采用保护措施，应经技术负责人、工程项目总监批准后方可实施。

6.6.7 雨季施工时，基坑使用现场应备有防洪、防暴雨的排水措施及应急材料、设备，同时，设备的备用电源应处在良好的工作状态。

6.6.9 为了保证作业人员安全，应设置必要的紧急逃生通道，一般基坑单侧侧壁宜设置不少于 1 个人员上下坡道或爬梯，设置间隔不宜超过 50 m，且不得少于 2 个，不应在侧壁上掏坑攀登，设置的坡道或爬梯不应影响或破坏基坑支护结构安全。

6.6.10 基坑使用中，降水期间应对抽水设备和运行状况进行维护检查，每天检查不应少于 2 次，并应观测记录水泵的工作压力、真空泵、电动机、水泵温度、电流、电压、出水等情况，发现问题及时处理，使抽水设备和备用电源及设备始终处在正常状态。

对施工现场所有的井点要有明显的安全保护标识，避免发生井点破坏，影响降水效果。同时，注意保护井口，防止杂物掉入井内，检查排水管、沟，防止渗漏。

6.6.11 基坑使用中一旦围护结构出现缺陷，将可能直接影响基坑安全，应由基坑使用单位组织建设单位、设计单位、施工单位和监测单位等共同编制修复方案，并经评审后实施。

7 安全防护与保护

7.2 安全通道及安全防护棚

7.2.1 安全通道及安全防护棚主要用于预防上部施工意外掉落的建筑垃圾、砼和砂浆碎块等，而塔吊主要运转线路、落地式或悬挑式卸料平台上可能掉落钢管、扣件、钢筋等危险性大的材料，因此要对施工意外掉落建筑材料范围内进行防护。

7.2.3 特别重要的安全通道及安全防护棚为：高层建筑落物半径内人流密集的场所、公共场所或安放有重要公共设施设备的场所，以及其他具有较高防护要求部位所搭设的安全通道及安全防护棚。

7.2.4 安全通道及安全防护棚的搭设

2 坠落半径分别为：当坠落物高度为 2～5 m 时，坠落半径为 3 m；当坠落物高度为 5～15 m 时，坠落半径为 4 m；当坠落物高度为 15～30 m 时，坠落半径为 5 m；当坠落物高度大于 30 m 时，坠落半径为 6 m。

7.4 高处作业防护规定

7.4.1 洞口防护

1 洞口作业是指孔与洞边口旁的高处作业，包括施工现场及通道旁深度在 2 m 及 2 m 以上的桩孔、人孔、沟槽与管道、孔洞等边沿上的作业。

孔是指楼板、屋面、平台等面上，短边尺寸小于 250 mm 的；墙上高度小于 750 mm 的孔洞。

洞是指楼板、屋面、平台等面上，短边尺寸等于或大于 250 mm 的；墙上高度等于或大于 750 mm、宽度大于 450 mm 的孔洞。

7.4.2 临边防护

1 临边作业是指施工现场中工作面边沿无围护设施或围护设施高度低于 800 mm 时的高处作业。

8 模板施工

8.1 一般规定

8.1.1 模板施工除应满足相关规范要求外，还应按《危险性较大的分部分项工程安全管理办法》(建质〔2009〕87 号)和《建设工程高大板支撑系统施工安全监督管理导则》(建质〔2009〕254 号)等相关要求进行施工。

9 施工用电

9.1 一般规定

9.1.3 施工现场临时用电组织设计应包括下列内容：

1 现场勘测。

2 确定电源进线、变电所或配电室、配电装置、用电设备位置及线路走向。

3 进行负荷计算。

4 选择变压器。

5 设计配电系统：

1）设计配电线路，选择导线或电缆；

2）设计配电装置，选择电器；

3）设计接地装置；

4）绘制临时用电工程图纸，主要包括用电工程总平面图、配电装置布置图、配电系统接线图、接地装置设计图。

6 设计防雷装置。

7 确定防护措施。

8 制定安全用电措施和电气防火措施。

9.2 外电防护

9.2.3 在外电架空线路附近吊装时，起重机的任何部位或被吊物边缘在最大偏斜时与架空线路边线的最小安全距离应符合表

9.2.3 的规定。

表 9.2.3　起重机的任何部位或被吊物边缘在最大偏斜时与架空线路边线的最小安全距离

（单位：m）

安全距离/m	电压/kV						
	<1	10	35	110	220	330	500
沿垂直方向	1.5	3.0	4.0	5.0	6.0	7.0	8.5
沿水平方向	1.5	2.0	3.5	4.0	6.0	7.0	8.5

9.3　接零与接地保护系统

9. 3. 2　采用 TN 系统做保护接零时，工作零线（N 线）必须通过总漏电保护器，保护零线（PE 线）必须由电源进线零线重复接地处或总漏电保护器电源侧零线处，引出形成局部 TN-S 接零保护系统。

9.5　配电线路

9. 5. 1　相线、N 线、PE 线的颜色标记必须符合以下规定：相线 L1（A）、L2（B）、L3（C）相序的绝缘颜色依次为黄、绿、红色；N 线的绝缘颜色为淡蓝色；PE 线的绝缘颜色为绿/黄双色。任何情况下上述颜色标记严禁混用和互相代用。

9.6　配电箱及开关箱

9. 6. 1　总配电箱应设在靠近电源的区域，分配电箱应设在用电设备或负荷相对集中的区域，分配电箱与开关箱的距离不得超过 30 m，开关箱与其控制的固定式用电设备的水平距离不宜超过 3 m。

9.6.3 固定式配电箱、开关箱的中心点与地面的垂直距离应为 1.4 ~ 1.6 m。移动式配电箱、开关箱应装设在坚固、稳定的支架上。其中心点与地面的垂直距离宜为 0.8 ~ 1.6 m。

9.6.4 N 线端子板必须与金属电安装板绝缘；PE 线端子板必须与金属电器安装板做电气连接。进出线中的 N 线必须通过 N 线端子板连接；PE 线必须通过 PE 线端子板连接。

9.6.7 本条按照现行国家标准《低压配电设计规范》GB 50054 的一般规定，结合施工现场临时用电工程对电源隔离以及短路、过载、漏电保护功能的要求，对总配电箱的电器配置作出综合性规范化规定。其中，用作隔离开关的隔离电器可采用刀形开关、隔离插头，也可采用分断时具有明显可见分断点的断路器如 DZ20 系列透明的塑料外壳式断路器，这种断路器具有透明的塑料外壳，可以看见分断点，这种断路器可以兼作隔离开关，不需要另设隔离开关。不可采用分断时无明显可见分断点的断路器兼作隔离开关。

9.6.8 本条符合现行国家标准《低压配电设计规范》GB 50054 规定，满足配电系统分支电源隔离、控制和短路、过载保护，以及操作、维修安全的需要，且在分配电箱中不要求设置漏电保护器。

9.6.9 当漏电保护器是同时具有短路、过载、漏电保护功能的漏电断路器时，可不装设断路或熔断器。隔离开关应采用分断时具有可见分断点，能同时断开电源所有极的隔离电器，并应设置于电源进线端。当断路器具有可见分断点时，可不另设隔离开关。

9.6.10 使用于潮湿或有腐蚀介质场所的漏电保护器应采用防溅型产品，其额定漏电动作电流不应大于 15 mA，额定漏电动作时间不应大于 0.1 s。

10 机械设备、施工机具

10.1 一般规定

10.1.4 未取得相应资质和安全生产许可证的租赁单位，其安全生产管理能力、技术和经济实力达不到相关要求，租用这种单位的起重机械风险较大。按住建部的规定，未取得安全生产许可证的单位不得进入施工现场从事建筑施工作业，因为租赁单位和安装单位多为同一单位，故应对租赁单位进入施工现场作业的条件进行限制。

10.1.5 对使用过的起重机械，各种出厂证明不能证明其完好性，故出租单位应对起重机械的完好性负责。

10.1.7 起重机械安、拆作业人员配备和对其进行安全教育及安全技术交底是保证作业安全的基本要求。相关人员到场指挥和监控才能监督作业人员是否按安、拆方案和安全操作规程作业，同时也能按现场实际情况及时正确指挥和监管、及时处理应急情况。

10.1.8 对起重机械检测规定是依据《建设工程安全生产管理条例》中第35条的规定。

10.1.9 对起重机械使用登记是依据建设部令166号第十七条的规定。

10.2 塔式起重机

10.2.2 塔式起重机安装（拆卸）作业前，安装单位应编制塔式起重机安装、拆卸工程专项施工方案，由安装单位技术负责人批准后实施。

在确定塔式起重机安装位置时，如果不考虑建筑物建好后的拆卸情况，有可能造成拆卸困难或不能保证安全拆卸。需要附着使用的塔式起重机，在确定安装位置时，应考虑今后能否按使用说明书的要求正确附着，并应考虑附着点建筑结构的承载能力。对安装作业人员人数和工种配备作明确规定，避免作业人员缺位造成事故。塔式起重机拆卸降标准节时，回转下支座与塔身标准节干未作可靠连接便吊运拆出的标准节，极易造成倒塔事故，其作业要求与顶升加节相同。

验收程序应符合规范要求，严禁使用未经验收或验收不合格的塔式起重机。

10.2.3 多塔作业

1 两台相邻塔式起重机的安全距离如果控制不当，很可能会造成重大安全事故。当相邻工地发生多台塔式起重机交错作业时，应在协调相互作业关系的基础上，编制各自的专项使用方案，确保任意两台塔式起重机不发生触碰。

10.2.4 现场地基承载力不能满足塔式起重机说明书提供的设计基础要求时，应进行塔式起重机基础变更设计，并履行审批、检测、验收手续后方可实施。

10.2.5 连接件被代用后，会失去固有的连接作用，可能会造成结构松脱、散架，发生安全事故，所以实际使用中严禁连接件代用。高强螺栓只有在扭力达到规定值时才能确保不松脱。

10.2.6 塔式起重机附着的布置不符合说明书规定时，应对附着进行设计计算，并经过审批程序，以确保安全。设计计算要适应现场实际条件，还要确保安全。

附着前、后塔身垂直度应符合规范要求，在空载、风速不大于 3 m/s 状态下：

1 独立状态塔身（或附着状态下最高附着点以上塔身）对支承面的垂直度≤0.4%。

2 附着状态下最高附着点以下塔身对支承面的垂直度≤0.2%。

10. 2. 7 塔式起重机的力矩限制器在使用时间长了后有可能失灵，是否失灵用肉眼检查不容易发现问题，所以，应在规定时间内进行一次吊重测试，以保证使用安全。

10. 2. 8 回转部分不设集电器的塔式起重机安装回转限位器，防止电缆绞损。回转限位器正反两个方向动作时，臂架旋转角度应不大于 ± 540° 。

10. 2. 9 对小车变幅的塔式起重机应设置双向小车变幅断绳保护装置，保证在小车前后牵引钢丝绳断绳时小车在起重臂上部移动；断轴保护装置必须保证即使车轮失效，小车也不能脱离起重臂。对导轨运行的塔式起重机，每个运行方向应设置限位装置，其中包括限位开关、缓冲器和终端止挡装置。限位开关应保证开关动作后塔式起重机停车时其端部距缓冲器最小距离大于 1 m。

10. 2. 10 滑轮、起升和动臂变幅塔式起重机的卷筒均应设有钢丝绳防脱装置，该装置表面与滑轮或卷筒侧板外缘的间隙不应超过钢丝绳直径的 20%，装置与钢丝绳接触的表面不应有棱角。

钢丝绳的维修、检验和报废应符合现行国家有关标准的规定。

10. 2. 11 塔式起重机与架空线路的安全距离是指塔式起重机的任何部位与架空线路边缘的最小距离，见表 10.2.11。当安全距离小于表 10.2.11 规定时必须按规定采取有效防护措施。

表 10.2.11 塔式起重机与架空线路边缘的安全距离

安全距离/m	电压/kV				
	< 1	1 ~ 15	20 ~ 40	60 ~ 110	220
沿垂直方向	1.5	3.0	4.0	5.0	6.0
沿水平方向	1.0	1.5	2.0	4.0	6.0

为避免雷击，塔式起重机的金属结构应做防雷接地，其接地电阻应不大于 4 Ω；重复接地电阻应不大于 10 Ω。

10.3 施工升降机

10. 3. 2 施工升降机安装（拆卸）作业前，安装单位应编制施工升降机安装、拆除工程专项施工方案，有安装单位技术负责人批准后方可实施。

验收应符合规范要求，严禁使用未经验收或验收不合格的施工升降机。

10. 3. 3 基础

施工升降机基础应能承受最不利工作条件下的全部荷载；安装在建筑结构上的施工升降机在安装前就应对建筑结构进行支撑加固，因此，安装方案中应制定加固措施；基础周围应有排水设施。

10. 3. 4 吊笼和对重升降通道周围应安装地面防护围栏。地面防护围栏高度不应低于 1.8 m，强度应符合规范要求。围栏登机门应装有机械锁止装置和电气安全开关，使吊笼只有位于底部规定位置时围栏登机门才能开启，且在开门后吊笼不能启动。

各停层平台应设置层门，层门安装和开启不得突出到吊笼的升降通道上。层门高度和强度应符合规范要求。

10.3.5 安装在建筑结构上的施工升降机在安装前就应对建筑结构进行支撑加固，因此，安装方案中应制定加固措施。垂直安装的施工升降机的导轨架垂直高度偏差应符合表 10.3.5 规定。

表 10.3.5 施工升降机安装垂直偏差

导轨架架设高度 h/m	$h \leqslant 70$	$70 < h \leqslant 100$	$100 < h \leqslant 150$	$150 < h \leqslant 200$	$h > 200$
垂直度偏差/mm	不大于（/1 000）h	$\leqslant 70$	$\leqslant 90$	$\leqslant 110$	$\leqslant 130$
	对钢丝绳式施工升降机，垂直度偏差不大于（1.5/1 000）h				

对重导轨接头应平直，阶差不大于 0.5 mm，严禁使用柔性物体作为对重导轨。

标准节连接螺栓使用应符合说明书及规范要求，安装时应螺杆在下、螺母在上，一旦螺母脱落后，容易及时发现安全隐患。

10.3.6 当附墙架不能满足施工现场要求时，应对附墙架另行设计，严禁随意代替。

10.3.7 为了限制施工升降机超载使用，施工升降机应安装超载保护装置，该装置应对吊笼内荷载、吊笼顶部荷载均有效。超载保护装置应在荷载达到额定载重量的 90%时，发出明确警报信号，荷载达到额定载重量的 110%前终止吊笼启动。

施工升降机对重钢丝绳组的一端应设张力均衡装置，并装有由相对伸长量控制的非自动复位型的防送绳开关。其中一条钢丝绳出现相对伸长量超过允许值或断裂时，该开关将切断控制电路，制动器动作。

齿轮齿条式施工升降机吊笼应安装一对以上安全钩，防止吊笼脱离导轨架或防坠安全器输出端齿轮脱离齿条。

10.3.8 施工升降机每个吊笼均应安装上、下限位开关和极限开关。上、下限位开关可用自动复位型，切断的是控制回路。极限开关不允许使用自动复位型，切断的是主电路电源。

极限开关与上、下限位开关不应使用同一触发元件，防止触发元件失效致使极限开关和上、下限位开关同时失效。

10.3.9 钢丝绳的维修、检验和报废应符合现行国家有关标准的规定。

钢丝绳式人货两用施工升降机的对重钢丝绳不得少于 2 根，且相互独立。每根钢丝绳的安全系数不得小于 12，直径不得小于 9 mm。

对重两端应有滑靴或滚轮导向，并设有防脱轨保护装置。若对重使用填充物，应采取措施防止其窜动，并标明重量。对重应按有关规定涂成警告色。

10.3.10 施工升降机与架空线路的安全距离是指施工升降机最外侧边缘与架空线路边缘的最小距离，见表 10.3.10。当安全距离小于表 10.3.10 规定时必须按照规定采取有效的防护措施。

表 10.3.10 施工升降机与架空线路边缘的安全距离

外电线路线压/kV	<1	1 ~ 10	35 ~ 110	220	330 ~ 550
安全距离/m	4	6	8	10	15

10.4 物料提升机

10.4.3 物料提升机属建筑起重机械，依据《建设工程安全生产管理条例》《中华人民共和国特种设备安全法》的规定，其安装、拆除单位应具有相应的资质。安装、拆除等作业人员必须经专门培训，取得特种作业资格，持证上岗。

安装、拆除作业前应依据相关规定及施工实际编制安全施工专项方案，并经单位技术负责人审批后实施。

物料提升机安装完毕，应由工程负责人组织安装、使用、租赁、监理单位对安装质量进行验收，验收必须有文字记录，并有责任人签字确认。

10.4.4 基础应能承受最不利工作条件下的全部荷载，一般要求基础土层的承载力不小于 80 kPa。基础混凝土强度等级不应低于 C20，厚度不应小于 300 mm。

井架停层平台通道处的结构应在设计制作过程中采取加强措施。

10.4.5 附墙架宜使用制造商提供的标准产品，当标准附墙架结构尺寸不能满足要求时，可经设计计算非标附墙架。

附墙架是保证提升机整体刚度、稳定性的重要设施，其间距和连接方式必须符合产品说明书要求。

缆风绳的设置应符合设计要求，每一组缆风绳与导轨架的连接点应在同一水平高度，并应对称设置，缆风绳与导轨架连接处应采取防止钢丝绳受剪的措施，缆风绳必须与地锚可靠连接。

10.4.8 钢丝绳的维修、检验和报废应符合现行国家标准《起重机钢丝绳保养、维护、安装、检验和报废》GB/T 5972 的规定。

钢丝绳固定采用绳夹时，绳夹规格应与钢丝绳匹配，数量不少于 3 个，绳夹夹座应安放在长绳一侧。

吊笼处于最低位置时，卷筒上钢丝绳必须保证不少于 3 圈，本条款依照行业标准《龙门架及井架物料提升机安全技术规程》JGJ 88 规定。

10.4.9 龙门架物料提升机设防护架可防止吊盘内的东西掉落

到防护架外，同时可对立柱的稳定性起加强作用。

安全防护设施主要有防护围栏、防护棚、停层平台、平台门等。

防护围栏高度不应小于 1.8 m，围栏立面可采用网板结构，强度应符合规范要求。

防护棚长度不应小于 3 m，宽度应大于吊笼宽度，顶部可采用厚度不小于 50 mm 的木板搭设。

停层平台应能承受 3 kN/㎡的荷载，其搭设应符合规范要求。

平台门的高度不应低于 1.8 m，宽度与吊笼门宽度差不应大于 200 mm，并应安装在平台外边缘处。

10.4.10 安全装置主要有起重量限制器、防坠安全器、上限位开关等。

起重量限制器：当荷载达到额定荷载的 90%时，限制器应发出警示信号；当荷载达到额定起重量的 110%时，限制器应切断上升主电路电源，使吊笼制停。

防坠安全器：吊笼可采用瞬时动作式防坠安全器，当吊笼提升钢丝绳意外断绳时，防坠安全器应制停带有额定起重量的吊笼，且不应造成结构破坏。

上限位开关：当吊笼上升至限定位置时，触发限位开关，吊笼被制停，此时，上部越程不应小于 3 m。

10.5 吊 篮

10.5.2 安装、拆除高处作业吊篮应编制专项施工方案，吊篮的支撑悬挂机构应经设计计算，专项施工方案经审批后实施。

10.5.3 安全装置包括防坠安全锁、安全绳、上限位装置；安全锁扣的配件应完整、齐全，规格与标识应清晰可辨；安全绳不得有松散、断股、打结现象，与建筑物固定位置应牢靠。安装上限位装置是为了防止吊篮在上升过程中出现冒顶现象。

10.5.4 悬挂机构应按规范要求正确安装；女儿墙或建筑物挑檐边承受不了吊篮的荷载，因此不能作为悬挂机构的支撑点；悬挂机构的安装是吊篮的重点环节，应在专业人员的带领、指导下进行，以保证安装正确；悬挂机构上的脚轮是方便吊篮做平行位移而设置的，其本身承载能力有限，如吊篮荷载传递到脚轮就会产生集中荷载，易对建筑物产生局部破坏。

10.5.5 钢丝绳的型号、规格应符合规范要求；在吊篮内施焊前，应提前采用石棉布将电焊火花迸溅范围进行遮挡，防止烧毁钢丝绳，同时防止发生触电事故。

10.5.6 安装前对提升机的检验以及吊篮配件规格的统一对吊篮组装后安全使用有着重要影响。

10.5.9 顶部防护板的目的是防止高处坠物对吊篮内作业人员造成伤害。

10.5.11 禁止吊篮作为垂直运输设备，是因为吊篮运输物料易超载，造成吊篮翻转或坠落事故。

10.6 施工机具

10.6.2 平刨的安全装置主要有护手和防护罩，安全护手装置可在操作人员刨料发生意外时，避免手部伤害事故的发生。

明露的转动轴、轮及皮带等部位应安装防护罩，防止人身伤害事故。

不得使用同台电机驱动多种刃具、钻具的多功能木工机具，由于该机具运转时，多种刃具、钻具同时旋转，极易造成人身伤害事故。

10.6.3 圆盘锯的安全装置主要有分料器、防护挡板、防护罩等，分料器应能具有避免木料夹锯的功能。防护挡板应能具有防止木料向外倒退的功能。

10.6.4 Ⅰ类手持电动锯为金属外壳，按规定必须做保护接零，同时安装漏电保护器，使用人员应戴绝缘手套和穿绝缘鞋。

手持电动工具的软电缆不允许接长使用，必要时应使用移动配电箱。

10.6.5 钢筋加工区应按规定搭设作业棚，作业棚应具有防雨、防晒功能，并应达到标准化。

对焊机作业区应设置防止火花飞溅的挡板等隔离设施，冷拉作业应设置防护栏，将冷拉区与操作区隔离。

10.6.6 电焊机除应做保护接零、安装漏电保护器外、还应设置二次空载降压保护装置，防止触电事故发生。

电焊机一次线长度不应超过 5 m，并应穿过保护，二次线必须使用防水橡皮护套铜芯电缆，严禁使用其他导线代替。

10.6.7 搅拌机离合器、制动器运转时不能有异响，离合制动灵敏可靠。料斗钢丝绳的磨损、锈蚀、变形量应在规定允许范围内。

料斗应设置安全挂钩或止挡，在维修货运输过程中必须用安全挂钩或止挡将料斗固定牢固。

10.6.8 输送泵在作业时由于输送混凝土压力的作用，可产生较大的振动，安装泵时应达到规定要求。

向上垂直输送混凝土时，应依据输送高度、排量等设置基础，并能承受该工况的最大荷载。为缓解泵的工作压力，应在泵的输出口端连接水平管。向下倾斜输送混凝土时，应依据落差敷设水平管，以缓解管内气体对输送作业的影响。

砂石粒径、水泥强度等级及配合比是保证混凝土质量和泵送作业正常的基本要求。

混凝土泵车开始或停止泵送混凝土时，出料软管在泵送混凝土的作用下会产生摆动，此时的安全距离一般为软管的长度。同时出料软管埋在混凝土中可使压力增大，易发生伤人事故。

泵送混凝土的排量、浇注顺序及集中荷载的允许值，均是影响模板支撑系统稳定性的重要因素，作业时必须按混凝土浇筑专项方案进行。

本条规定是为了保证混凝土泵的清洗作业安全。

10. 6. 9 参照《塔式起重机安全规程》GB 5144—2006 第 10.3 节规定，布料机任一部位与其他设施及构筑物的安全距离不应小于 0.6 m。

手动式混凝土布料机底盘防倾覆的措施可采用搭设长宽 6 m×6 m、高 0.5 m 的脚手架，并与混凝土布料机底盘固定牢固。

为保证布料机的作业安全，作业前应对本条规定的内容进行全面检查，确认无误方可作业。

输送管被埋在混凝土内，会使管内压力增大，易引发生产安全事故。

此条结合《混凝土布料机》JB/T 10704 标准及实际情况执行 6 级风不能作业的风速下限。

10. 6. 10 振捣器作业时应使用移动式配电箱，电缆线长度不应超过 30 m，其外壳应做保护接零，并应安装动作电流不大于 15 mA、动作时间小于 0.1 s 的漏电保护器，作业人员必须佩戴绝缘手套、穿绝缘鞋。

10. 6. 11 水泵的外壳必须做保护接零，开关箱中应安装动作电流不大于 15 mA、动作时间小于 0.1 s 的漏电保护器，负荷线应采用专用防水橡皮软线，不得有接头。

10.6.12 高压冲洗设备的金属外壳及支架必须做保护接零，开关箱中应安装动作电流不大于 15 mA、动作时间小于 0.1 s 的漏电保护器，负荷线应采用专用防水橡皮软线，不得有接头。

11 施工现场消防

11.1 一般规定

11.1.1 消防安全管理制度应包括下列主要内容：

1 消防安全教育与培训制度。

2 可燃及易燃易爆危险品管理制度。

3 用火、用电、用气管理制度。

4 消防安全检查制度。

5 应急预案演练制度。

防火技术方案应包括下列主要内容：

1 施工现场重大火灾危险源辨识。

2 施工现场防火技术措施。

3 临时消防设施、临时疏散设施配备。

4 临时消防设施和消防警示标识布置图。

灭火及应急疏散预案应包括下列主要内容：

1 应急灭火处置机构及各级人员应急处置职责。

2 报警、接警处置的程序和通信联络方式。

3 扑救初起火灾的程序和措施。

4 应急疏散及救援的程序和措施。

11.1.2 义务消防组织是施工单位在施工现场临时建立的业余性、群众性，以自防、自救为目的的消防组织，其人员应由现场施工管理人员和作业人员组成。

11.1.4 消防安全教育和培训应包括下列内容：

1 施工现场消防安全管理制度、防火技术方案、灭火及应急疏散预案的主要内容。

2 施工现场临时消防设施的性能及使用、维护方法。

3 扑灭初起火灾及自救逃生的知识和技能。

4 报警、接警的程序和方法。

11.1.5 消防安全技术交底应包括下列主要内容：

1 施工过程中可能发生火灾的部位或环节。

2 施工过程中应采取的防火措施及应配备的临时消防设施。

3 初起火灾的扑救方法及注意事项。

4 逃生方法及路线。

11.1.6 消防安全检查应包括下列主要内容：

1 可燃物及易燃易爆危险品的管理是否落实。

2 动火作业的防火措施是否落实。

3 用火、用电、用气是否存在违章操作，电、气焊及保温防水施工是否执行操作规程。

4 临时消防设施是否完好有效。

5 临时消防车道及临时疏散设施是否畅通。

11.1.7 施工现场灭火及应急疏散预案演练，每半年应进行 1 次，每年不得少于 1 次。

11.1.8 施工现场消防安全管理档案包括以下文件和记录：

1 施工单位组建施工现场消防安全管理机构及聘任现场消防安全管理人员的文件。

2 施工现场消防安全管理制度及其审批记录。

3 施工现场防火技术方案及其审批记录。

4 施工现场灭火及应急疏预案及其审批记录。

5 施工现场消防安全教育和培训记录。

6　施工现场消防安全技术交底记录。

7　施工现场消防设备、设施、器材验收记录。

8　施工现场消防设备、设施、器材台账及更换、增减记录。

9　施工现场灭火和应急疏散演练记录。

10　施工现场消防安全检查记录（含消防安全巡查记录、定期检查记录、专项检查记录、季节性检查记录、消防安全问题或隐患整改通知单、问题或隐患整改回复单、问题或隐患整改回复记录）。

11　施工现场火灾事故记录及火灾事故调查、处理报告。

12　施工现场消防工作考评和奖惩记录。

11.1.10　阻燃安全网是指续燃、阴燃时间均不大于4 s的安全网，安全网质量应符合现行国家标准《安全网》GB 5725 的要求，阻燃安全网的检测见现行国家标准《纺织品 燃烧性能试验 垂直法》GB/T 5455。

11.1.11　施工现场应建立动火审批制度。凡有明火作业的必须经主管部门审批（审批时应写明要求和注意事项），作业时，应按规定设监护人员，作业后，必须确认无火源危险时方可离开。

11.1.12　本条规定是为了让作业人员在紧急、慌乱时刻迅速找到疏散通道，便于人员有序疏散而制定；在建工程施工期间，一般通视条件较差，因此要求在作业层的醒目位置设置安全疏散示意图。

11.2　施工现场消防设置的配置

11.2.1　本条参照《建筑灭火器配置设计规范》GB 50140 的规定而制定，灭火器的最低配置标准应满足《建筑工程施工现场消防安全技术规范》GB 50720 的规定。

11.2.2 施工现场临时消防设施的设置应与在建工程施工保持同步。

对于房屋建筑工程，新近施工的楼层，因混凝土强度等原因，模板及支模架不能及时拆除，临时消防设施的设置难以及时跟进，与主体结构工程施工进度应存在 3 层左右的差距。

11.2.3 基于经济和务实的考虑，可合理利用已具备使用条件的在建工程永久性消防设施兼作施工现场的临时消防设施。

11.2.4 火灾发生时，为避免施工现场消防栓泵因电力中断而无法运行，导致消防用水难以保证，故作本条规定。

11.3 施工现场电气设施防火

11.3.4 电气线路的绝缘强度和机械强度不符合要求、使用绝缘老化或失去绝缘性能的电气线路、电气线路长期处于腐蚀或高温环境、电气设备超负荷运行或带故障使用等是导致线路短路、过载、接触电阻过大、漏电的主要根源，应予以禁止。

11.3.5 施工现场长时间使用高热灯具，且高热灯具距可燃、易燃物距离过小或室内散热条件太差，烤燃附近可燃、易燃物，造成火灾。

11.3.6 对现场电气设备运行及维护情况的检查，每月应进行一次。

11.4 施工现场用气管理

11.4.1 施工现场常用气体有瓶装氧气、乙炔、液化气等，贮装气体的气瓶及其附件不合格和违规贮装、运输、存储、使用气体是导致火灾、爆炸的主要原因。

11.4.5 氧气瓶内剩余压力不应小于 0.1 MPa 是为了防止乙炔倒灌引起爆炸。

11.5 可燃物及易燃、易爆危险品管理

11.5.1 本条明确规定了不同临时用房。临时设施与在建工程的最小防火间距。临时用房、临时设施与在建工程的防火间距采用 6 m，主要是考虑临时用房层数不高、面积不大，故采用了现行国家标准《建筑设计防火规范》GB 50016 中多层民用建筑之间的防火间距数值。同时，由于可燃材料堆场及其加工厂、固定动火作业场、易燃易爆危险品库房的火灾危险性较高，故提高了要求。

11.5.2 在建工程所用保温、防水、装饰、防火、防腐材料的燃烧性能等级、耐火极限应符合设计要求，既是建设工程施工质量验收标准的要求，也是减少施工现场火灾风险的基本条件。

11.5.3 控制并减少施工现场可燃材料、易燃易爆危险品的存量，规范可燃材料及易燃易爆危险品的存放管理，是预防火灾发生的主要措施。

11.5.4 油漆由油脂、树脂、颜料、催干剂、增塑剂和各种溶剂组成，除无机颜料外，绝大部分是可燃物。油漆的有机溶剂（又称稀料、稀释剂）由易燃液体如溶剂油、苯类、酮类、酯类等组成。油漆调配和喷刷过程中，会大量挥发出易燃气体，当易燃气体与空气混合达到 5%的浓度时，会因动火作业火星、静电火花引起爆炸和火灾事故。乙二胺是一种挥发性很强的化学物质，常用作树脂类防腐蚀材料的固化剂，乙二胺挥发产生的易燃气体在

空气中达到一定浓度时，遇明火有爆炸危险。冷底子油是由沥青和汽油或柴油配置而成的，挥发性强，闪点低，在配制、运输或施工时，遇明火即有起火或爆炸的危险。因此，室内使用油漆及其有机溶剂、乙二胺、冷底子油或其他可能产生可燃气体的物资，应保持室内通风良好，严禁动火作业、吸烟，并应避免其他可能产生静电的施工操作。

11.5.5 动火作业是指在施工现场进行明火、爆破、焊接、气割或采用酒精炉、煤油炉、喷灯、砂轮、电钻等工具进行可能产生火焰、火花或赤热表面的临时性作业。

11.6 施工楼层消防

11.6.1 临时室外消防给水系统的给水压力满足消防水枪充实水柱长度不小于 10 m，可满足施工现场临时用房及在建工程外围 10 m 以下部位或区域的火灾扑救。

11.6.2 临时室内消防给水系统的给水压力满足消防水枪充实水柱长度不小于 10 m，可基本满足在建工程上部 3 层（室内消防给水系统的设置一般较在建工程主体结构施工滞后 3 层，尚未安装临时室内消防给水系统）所发生的火灾扑救。

11.6.3 对于建筑高度超过 10 m，不足 24 m，且体积不足 30 000 m^3 的在建工程，可不设置临时室内消防给水系统。在此情况下，应通过加压水泵，增大临时室外给水系统的给水压力，以满足在建工程火灾扑救的要求。

结合施工现场特点，每个室内消火栓处只设接口，不设水带、水枪，是综合考虑初起火灾的扑救及管理性和经济性的要求。消防水源的给水压力一般不能满足在建高层建筑的灭火要求，需要二次或多次加压。为实现在建高层建筑的临时消防给水，可在其底层或首层设置贮水池并配备加压水泵。对于建筑高度超过100 m的在建工程，还需在楼层上增设楼层中转水池和加压水泵，进行分段加压、分段给水。